200道
美味湯品輕鬆做

幸福濃湯╳健康高湯╳各國好湯

莎拉‧陸蕙絲（Sara Lewis）/ 著　　　　諾然 / 譯

contents
目錄

本書使用說明

本書食譜中茶匙、湯匙的容量標準如下：

1 1 湯匙 =15 毫升

2 1 茶匙 =5 毫升

3 使用烤箱前需預熱至特定溫度，如果是帶風扇的烤箱，請根據説明書適當調整使用時間和溫度。

4 除非有特別的説明，否則香草一般採用新鮮的。

5 除非有特別的説明，否則雞蛋一般採用中等大小的。

6 建議不要食用生雞蛋。本書中少數菜式要求用生雞蛋或半熟雞蛋，請孕婦、哺乳期婦女、病患者、長者、嬰兒和小孩等謹慎選擇。菜餚一旦做好後應當及時食用或放入冰箱中存放。

前言

我們愈來愈認識新鮮食物對健康的好處，也了解大量浪費食物所造成的經濟與環境問題，這正是重拾在家煲湯的大好時機，就如我們的母親和祖母一向所做的一樣。家中自製的湯不僅美味可口，而且只需利用少量的食材便可做出非常豐盛的湯羹；成本可能只是超市買一盒凍湯價格的零頭，而且取材可以變化多端。自家煮湯方法簡單易行，將所有的食材放入鍋內，以小火熬煮後，便可繼續處理手頭的事情，只需10分鐘左右就可以起鍋享用。

在本書裡，你會發現各種口味，適合各種場合、各個季節的湯羹，從為一天繁忙工作之餘而準備的快速美味湯；到細火慢煲、週末午餐佳品的冬日暖心湯。配上裝飾的高雅湯羹是款客的不二之選；沁人心脾的冰涼湯羹專為炎炎夏日烹製。本書收錄的湯譜和食材的範圍廣泛，令你為之驚歎；傳統的肉湯與蔬菜湯、東方的酸辣湯、幼滑奶香的蔬菜羹、魚肉慢煮的周打湯（巧達湯）、還有法式洋蔥湯之類的經典湯品；來自世界各地的湯品也可在書中找到，如東方的雞絲清湯細麵、源於印度的咖喱湯及色彩斑斕的俄國羅宋湯。

湯羹是最能令人舒心的食物之一：既健康又包含大量的蔬菜，通常脂肪含量低（當然這取決於你選擇的湯羹）。在寒冷晦暗的日子裡，喝上一碗熱騰騰的湯，就像啟動了身體內部的中央控熱系統，令冬日的陰冷一掃而空。

湯的分類

清湯（Broths）：

這類湯底，湯色清澈。可單獨享用，也可加入米、馬鈴薯或豆類增加湯的濃稠度；也可加入各類蔬菜粒或蔬菜絲增加風味。還可以在煲湯的最後階段加入餃類或麵條，使湯更為豐盛。

周打湯（Chowders）：

這類湯底源自美國。包含略煎過的洋蔥和馬鈴薯粒，與白魚或煙燻過的魚，或貝類一同放入魚上湯中，以小火慢煮，最後加入牛奶或牛奶與忌廉（奶油）而成。

茸湯（Purées）：

這類湯可能是最受歡迎的西式湯。煮湯時可將大量食材放入上湯中小火慢煮，然後在烹飪的最後階段，以攪拌機或食物加工機攪打至勻滑且黏稠。

濃湯（Bisques）：

這類湯通常以魚為主料，在烹飪的最後階段攪成糊狀，然後加入大量忌廉（奶油）或忌廉與牛奶的混合物而成。

蛋奶湯（Veloutés）：

這類湯口感幼滑，做法是在起鍋前以蛋黃

和忌廉（奶油）的混合物去增加湯的濃稠
度。為了防止蛋黃凝固起塊，在加入湯前，
應向蛋黃與忌廉的混合物中加一勺熱上湯
拌勻，加入湯後必須以慢火加熱，千萬不
要讓湯沸騰，其間並要不停地攪動，雞蛋
才能增加湯的濃度而不會變成蛋花。

法式肉湯（Potages）：

這個詞源於法文，是一種未經過濾的湯，
可以將湯直接淋在麵包上，也可以將多士
（吐司）粒放於湯面。這種湯有時會加入
米或麵條在其中。

清煮肉湯（Consommés）：

這類湯是以濃縮的牛肉上湯為原汁，再透
過裝有蛋殼和蛋白的過濾袋濾去浮渣而成，
現在已不再流行。

自製上湯

最好的湯是用自製上湯為湯底。在西方的傳統廚房，上湯是用星期日烤肉的骨頭為主料，加入蔬菜邊角料和香草烹製而成，充分利用了所有帶肉的骨，煮成一頓窩心、豐盛的餐食。在今天提倡環保不浪費的時代，將一份起肉後的雞架骨，做成一份美味的午餐或晚餐的湯底，也是很有意義的。不要忘記冰箱或菜籃子裡零零碎碎的蔬菜——皺了皮的胡蘿蔔，幾根剩餘略彎的西芹莖，一小撮香芹或芫荽（香菜），還有漏掉的幾根菜梗，也不要隨便扔掉，因為它們都可以作為上湯的食材。添加從花園裡摘來的月桂葉，或香味濃烈的綠葱或小洋葱尖，少許的胡椒籽都能更增湯的風味。食材越多，上湯也就更美味。

烹製上湯極為簡單，只要把所有食材加入鍋中，加熱煮沸，然後把火調小，以小火慢烹，將鍋蓋半掩，煮 2 小時（若時間充足，可延長），一直保持慢火；若溫度過高，煲成的上湯便會太濃、呈黏稠狀。

在烹飪的最後階段，要試味。若湯汁太稀，可移去鍋蓋，加煮 1 ～ 2 小時讓水分揮發，增加香味。然後將上湯過濾，靜置待冷卻。撇去肉質上湯表面的油脂，放入冰箱中冷藏 3 天。

還可將上湯放入膠盒或內襯塑膠袋的麵包烤盆裡備用。密封，貼上標籤，可冷藏 3 個月。到食用之時，放於室溫下或以微波爐中解凍。

四種自製上湯

雞上湯

準備時間 10 分鐘
烹飪時間 2 小時至 2 小時 30 分鐘
可製湯約 1 公升

熱雞架骨 1 副
洋蔥 1 個，切 4 等份
胡蘿蔔 2 根，切厚片
芹菜莖 2 支，切厚片
月桂葉 1 片，或什錦香草 1 小捆
鹽 1/4 茶匙
粗黑胡椒碎 1/2 茶匙
冷水 2.5 公升

將雞架骨和蔬菜、什錦香草、鹽和粗黑胡椒碎放入大湯鍋中。注入冷水，小火燒開。用漏勺舀起浮渣。將鍋蓋半掩，小火熬 2 ～ 2.5 小時，至湯水減半。

用大篩子將上湯濾入廣口瓶中，取出殘留在雞架上的肉片，並挑出篩子中的肉片留用、扔掉蔬菜。將上湯靜置幾小時或整晚。用餐匙舀出湯面上薄薄的油脂層，放入冰箱中冷藏 3 天。

如果有鴨或其他禽類骨架，或火腿骨，都可以用以上方法去煮上湯；如果是火雞骨架，要用雙倍的蔬菜配料和雙倍的水。

如果有雞骨架但無暇立即把它做成上湯，可用保鮮膜包好，放入冰箱中冷藏庫可保存達 3 個月。用時，取出在室溫下解凍後用以上方法做成上湯。

牛肉上湯

準備時間 10 分鐘
烹飪時間 4 小時 20 分鐘至 5 小時 20 分鐘
可製湯約 1 公升

牛骨 2 千克，如排骨或小腿骨
煙肉（培根）2 片，切粒
洋蔥 2 個，切 4 等份，保留褐色外皮
胡蘿蔔 2 根，切厚片
芹菜莖 2 支，切厚片
芥蘭頭（瑞典蕪菁）1 棵，切丁（選用）
丹桂葉 2 片、迷迭香或鼠尾草 2 根
鹽 1/4 茶匙
粗黑胡椒碎 1/2 茶匙
冷水 3.6 公升

將牛骨和煙肉（培根）粒放入大深平鍋中，小火加熱 10 分鐘，至骨髓開始從骨中滲出。不時地翻動骨頭。

加入蔬菜，再翻炒 10 分鐘至全部呈褐色。加入香草、鹽和粗黑胡椒碎，注入冷水，以小火燒滾。用漏勺撈起浮渣，把火調小，鍋蓋半掩，以小火煲 4 ～ 5 小時，至湯水減半。

用大篩子將湯濾入廣口瓶中。待其冷卻後放入冰箱中冷藏整晚。除去油脂，繼續冷藏 3 天。

如沒有燒烤帶骨牛肉的習慣，可以直接到肉店購買牛骨。羊上湯的烹製方法同上。

魚上湯

準備時間 10 分鐘

烹飪時間 45 分鐘

可製湯約 1 公升

魚頭、魚骨、魚尾、魚皮和蝦殼等
　　合計 1 千克
洋蔥 1 個，切 4 等份
韭菜頭 2 根，切丁
胡蘿蔔 2 根，切厚片
芹菜莖 2 支，切厚片
百里香嫩枝適量
月桂葉 1 片
香芹莖少許
粗白胡椒碎 1/2 茶匙
鹽 1/4 茶匙
冷水 1.5 公升
乾白酒或清水 300 毫升

將魚頭、魚骨、魚尾、魚皮和蝦殼等放入大篩中，用冷水沖洗乾淨，瀝乾，與其他的食材一同放入大湯鍋中。小火燒開，用漏勺將浮渣撈起。加蓋，小火熬 30 分鐘。用細篩過濾上湯，然後倒回鍋內，將鍋蓋半掩，小火煮約 15 分鐘，至湯水減半。冷卻後置冰箱中冷藏 3 天。

若加有魚頭，過濾之前，煮湯的時間不能超 30 分鐘，否則魚頭會產生苦味。

蔬菜上湯

準備時間 10 分鐘

烹飪時間 1 小時 5 分鐘

可製湯約 1 公升

橄欖油 1 湯匙
洋蔥 2 個，切小塊
韭菜頭 2 根，切小片
胡蘿蔔 4 根，切小塊
芹菜莖 2 支，切厚片
蘑菇 100 克，切片
番茄 4 個，切小塊
什錦香草 1 小捆
粗黑胡椒碎 1/2 茶匙
鹽 1/4 茶匙
冷水 1.8 公升

將蔬菜放入大湯鍋中翻炒 5 分鐘至軟、邊緣呈金黃色即可。加入番茄、什錦香草、胡椒碎、鹽和冷水，小火燒開後將鍋蓋半掩煲 1 小時。如有白酒或乾蘋果酒，可以用 150 毫升的酒代替等量的冷水。

透過篩子將上湯濾入廣口瓶中。冷卻後置冰箱中冷藏 3 天。

蔬菜的組合與搭配，可根據你手上的食材而定。如想能增加湯的風味，可加茴香碎或芹菜莖。半個紅、黃甜椒，再配上一些乾蘑菇也是不錯的選擇。

湯塊與現成的上湯

在祖母的那個時代，從未聽説用什麼湯塊煲湯的事。但現在，工作繁忙加上家庭生活的繁瑣，省時快捷的方法便成了煲湯的必要條件。很少人能預備足量的上湯，滿足他們所有的烹飪需求，而在冰箱裡備上幾塊並不佔地方的上湯包，的確是一個很好的選擇，因此，大部分人都"偷工減料"，選擇現成產品。

雖然使用湯塊問題不大，但對於某些湯羹而言，自製上湯是必不可少的，如清淡、美味的冰凍生菜湯（第43頁），忌廉濃湯（第37頁），或清煮肉湯，如意式湯餃（第114頁），或雞絲麵線湯（第117頁）。商店買來的湯塊，濃度差異很大；所以，應選擇那些低鹽類的。使用時多添加一些清水，降低它們濃烈的味道。

現時，越來越多超市開始銷售盒裝冰凍的現成上湯，這些上湯價格高昂，但味道較接近於自製上湯。市面上也有特製的湯，例如蟹肉濃湯（第74頁）或法國洋蔥湯（第123頁），它們具有更真實的味道。

立即行動吧！

湯讓午餐變得溫暖而貼心，光這點，就值得我們把它裝在單獨的塑膠盒或保鮮袋中冷藏起來，以備你無暇重新煲製時之需。所以，與其經常在上班的日子啃一塊三文治，何不在上班時帶上一份冰凍的湯塊，在工作時便可將它解凍，到了午餐時間，把它放進微波爐裡快速加熱即可。

如果你沒有多個塑膠盒，可在長形的麵包烤罐中鋪上保鮮膠袋，注滿上湯，然後密封，擠出多餘的空氣，冷藏，待其成固體時，將保鮮袋從烤罐中取出。而冰凍的湯塊，更易於在冰箱中貯存。記得貼上標籤，寫上日期，那麼你便會知道何時該將它取出解凍；也可避免誤把果泥或其他的甜品誤當湯去用。

重新加熱

記住：永遠只加熱一次。如果你的家人打算分次飲用湯羹，那麼每次只舀出所需的分量，放入小鍋或微波爐中充分加熱，將剩餘的上湯繼續存入冰箱中。在湯羹完全加熱之前，不要加入多餘的水，因為溫度一旦升高，很多東西就會變得稀薄。如果湯譜的食材中含有雞蛋和忌廉，在加熱時要注意控制溫度，湯需要充分加熱，但不能以大火煮滾，否則雞蛋會凝固。加熱要不時地攪動，使湯均勻受熱。

湯的裝飾

一圈忌廉：這種方法通常讓湯看起來很特別，但還有比在一碗湯中淋上一兩圈濃忌廉（濃奶油）更簡單的方法嗎？當然，你也可以在湯面淋上幾小勺忌廉，然後用小木簽來回攪動，做成花紋效果。或者，可以在中間淋上 1 勺黏稠的希臘優格或鮮忌廉（鮮奶油），然後撒上少許香草碎葉。

香草裝飾：少許新鮮的香草碎葉會給一碗顏色暗啞的湯（如茴香忌廉濃湯）增加新鮮的活力。若是酥脆香草裝飾，可選擇將 1 把鼠尾草、羅勒葉或香芹葉略炸幾秒鐘便可。若是混合裝飾，可撒上調味料，如香芹碎、檸檬皮和蒜末的混合物，或香草碎葉、鳳尾魚、蒜末和橄欖油的混合物。你可以自製少量的香草油，存放在瓶子中，在食用前滴在湯面即可。或者，可以選擇更便捷的方法，如加 1 小湯匙現成的沙司（醬汁）即可。

柑橘屬果皮卷絲：可用削皮器或刨菜器將檸檬、青檸或柑橘皮做成卷絲，可將最精細的部分撒於湯面，使湯呈現一副雅致的形象。

香料末：若添加少許現磨的肉豆蔻粉、粗製胡椒碎、乾辣椒碎，需進一步加熱；或者直接放上少許辣椒粉或薑黃粉，為湯增添色彩。

香濃牛油和油：將少許牛油與藍奶酪碎、鳳尾魚和辣椒、大蒜、檸檬皮或新鮮香草碎葉混合均勻。捏成圓木狀，待其冷卻，

切片，食用前在熱湯中加一片即可。也可用蛋黃醬為底料製作沙司；配以大蒜，做成蒜泥蛋黃醬；加入辣椒，做成香辣蛋黃醬；或加入檸檬皮和果汁做碎屑。

冰塊：對於冰凍湯羹，加入整塊或略微敲碎的冰塊，可進一步增加味感和效果。

多士粒：將麵包粒或麵包片（每碗湯放半片）放入混合牛油和葵花籽油或純橄欖油中炸至金黃色。用紙把油吸乾，上湯時放於湯面即可。也可加入大蒜或香料增添麵包丁的風味。可在炸好的法式麵包或脆皮麵包上壓上一片蒜瓣，或抹上少許橄欖醬、香蒜醬或藍芝士碎。想要低脂的話，可將麵包塗上少許橄欖油，放入烤箱中烤脆即可。

本書部分食譜中要求使用堅果或含有堅果成分的製品，請對此有可能發生過敏現象的人如孕婦、哺乳期婦女、病患者、老人、嬰兒和小孩等謹慎選擇，避免誤食堅果或堅果油，建議使用現成食材之前閱讀外包裝上的成分標籤。

另外，本書涉及多種食材、調料，讀者可到大型的超市、西餐食材專賣店、烘焙專賣店諮詢購買，或者直接通過網絡商店購買。對於個別難買到的食材或調料，讀者也可根據實際情況，更換為相對易得的能發揮類似作用的品種。

speedy soups
快速美味湯

香醋番茄湯
Tomato & Balsamic Vinegar Soup

🕑 準備時間：25 分鐘
🍳 烹製時間：20 分鐘
👫👫👫

材料

串番茄（大） 750 克

橄欖油 2 湯匙

洋蔥 1 個，切小塊

焗薯（焗馬鈴薯） 1 個，約 200 克，切粒

蒜頭 2 瓣，剁泥（選用）

蔬菜上湯或**雞上湯** 750 毫升

番茄膏 1 湯匙

紅糖 1 湯匙

意大利香醋 4 湯匙

羅勒葉 1 小把

鹽和胡椒適量

作法

1 番茄對半切，放在鋪上錫紙的烤盤上，切面向下，撒上少許橄欖油，烤 4-5 分鐘，至番茄皮脫落及變焦。同時，燒熱餘下的油將洋蔥、馬鈴薯和蒜茸炒 5 分鐘，至軟熟，邊緣呈金黃色。

2 番茄去皮，切成小塊，連同烤盤中的番茄汁一同加入洋蔥、馬鈴薯中，再加入上湯、茄膏、糖和醋。加入一半的羅勒葉，調好味，大火煮滾，蓋好，慢火煮 15 分鐘。

3 將一半湯取出，用攪拌機打至勻滑。混合另一半湯，翻熱，調味，裝碗，撒上剩餘的羅勒葉，即可搭配帕馬森芝士扭紋酥享用。

🍲 多一味

帕馬森芝士扭紋酥
Parmesan Twists

從一包兩件（重 425 克）的現成酥皮中取出一件，攤開，掃上少許拂勻的蛋黃，塗上 3 茶匙番茄醬或羅勒醬，撒上少許胡椒粉和 4 湯匙帕馬森芝士碎。蓋上另一件攤平的酥皮，再在其上掃上少許蛋液，切成 1 厘米寬的長條；然後將每條酥皮扭成繩狀，平放在已掃油的烤盤上，用力按壓兩端，使它們固定在烤盤上，以免散開。

放入已預熱至 200℃（煤氣爐 6 度）的烤箱中，烤約 10 分鐘至呈金黃色，即可。

黑豆蕎麥麵
Black Bean with Soba Noodles

🕑 準備時間：10 分鐘
🕑 烹製時間：15 分鐘

👫👫👫

材料

日式蕎麥乾麵 200 克

植物油 2 湯匙

葱粒少許

蒜頭 2 瓣，粗切

紅辣椒 1 支，去籽，切片

薑 1 塊長約 4 厘米，去皮，磨泥

豆豉汁 125 毫升

蔬菜上湯 750 毫升（見第 8 頁）

白菜或**青菜** 200 克，切絲

醬油 2 茶匙

砂糖 1 茶匙

新鮮花生米 50 克

作法

1 將麵條放入滾水中煮 5 分鐘，或至剛熟軟。

2 熱鍋燒油，爆香葱蒜。

3 加入紅辣椒、薑茸、豆豉汁和上湯，煮滾。加入白菜（或其他青菜）、醬油、砂糖和花生米，拌勻，把火調小，不加蓋，慢火煮 4 分鐘。

4 撈起麵條，瀝乾，裝入碗中，淋上濃湯，即可享用。

🥣 多一味

牛肉黑豆湯
Beef & Black Bean Soup

蕎麥麵份量減少至 125 克，按上述方法烹煮。同時，熱鍋燒油，爆香葱蒜。加入紅辣椒、薑、豆豉汁和上湯，煮滾；然後加入蔬菜、醬油和砂糖，如上法煮 2 分鐘。

取 250 克西冷（沙朗）牛排，快手切去脂肪，再切成薄片，加入湯中，繼續煮 2 分鐘，離火舀入裝有蕎麥麵的碗中即成。

蠶豆西班牙香腸湯
Broad Bean & Chorizo Soup

🕐 準備時間：20 分鐘
🍴 烹製時間：20 分鐘

👨‍👩‍👧‍👦

材料

橄欖油 2 湯匙
洋葱 1 大個，切小塊
馬鈴薯 500 克，切粒
西班牙香腸 150 克
番茄 4 個，切粒
急凍蠶豆 300 克
雞上湯 1.5 公升
鹽和**胡椒**適量
羅勒葉少許，裝飾用

橄欖醬多士（吐司）

法式麵包 12 片
蒜頭 2 瓣，對切
青橄欖醬或**黑橄欖醬** 4 湯匙

作法

1 在大平底鍋中燒熱油，加入洋葱、馬鈴薯和西班牙香腸，炒 5 分鐘，至剛變軟即可。

2 加入番茄、蠶豆和雞湯，調味，煮滾，蓋好，慢火煮 15 分鐘，至蔬菜熟軟。

3 用叉子將馬鈴薯壓爛，使湯變濃。試味，按需要再調味。

4 麵包兩面烘香，用蒜瓣擦在其中一面，然後塗上橄欖醬。湯裝好到碗中，在湯面放一塊橄欖醬多士，再以羅勒葉作裝飾。

🥄 多一味

自製青橄欖醬
Homemade Green Olive Tapenade
250 克青橄欖去核，放入食品處理機，加入 1 小撮新鮮羅勒葉、2 瓣蒜頭、2 茶匙瀝乾的酸豆、4 湯匙橄欖油和 1 湯匙白酒醋，一起攪成醬。
這個醬也可用來配沙律或拌意大利粉。
用小瓶裝好，蓋以少許橄欖油，放在冰箱可以保存長達兩週。

西芹蘋果湯
Celeriac & Apple Soup

🕑 準備時間：10-15 分鐘

🕑 烹製時間：20-25 分鐘

👨‍👩‍👧‍👦👨‍👩‍👧‍👦

材料

牛油或人造牛油 25 克

西芹莖約 500 克，撕去老筋，切小塊

蘋果 3 個，削皮去芯，切小塊

雞上湯或蔬菜上湯 1.2 公升

卡宴辣椒粉少許，份量按個人口味調整

鹽適量

裝飾

蘋果粒 2-3 湯匙

紅椒粉適量

作法

1 燒熱大平底鍋，融化牛油，加入西芹和蘋果，以中火翻炒 5 分鐘，至剛變軟即可。

2 加入上湯和卡宴辣椒粉，煮滾後把火調小，加蓋用慢火煮 15-20 分鐘，或至西芹和蘋果軟爛為止。

3 用攪拌機將湯打至勻滑，倒入一個乾淨的湯鍋；或把湯在細眼篩中搓爛濾入另一湯鍋中。慢火翻熱，加鹽調味；裝碗，撒上蘋果粒和少許紅椒粉即可。

🥄 多一味

西芹金蒜湯
Celeriac & Roasted Garlic Soup

將兩個蒜頭對切，放在烤盤中，加 2 茶匙橄欖油，放入預熱至 200°C（煤氣爐 6 度）的烤箱中烤 15 分鐘。按上述方法，用牛油炒西芹，並以 1 個切碎的洋蔥代替蘋果粒，慢慢炒 5 分鐘。將烤好蒜肉剝出，與 1 公升蔬菜上湯、鹽和卡宴辣椒粉一起加入；按上述方法用慢火煮好及打滑。加入 150 毫升牛奶，重新加熱，然後裝碗上桌，每碗湯面淋上一圈甜忌廉（甜奶油）。

西蘭花杏仁湯
Broccoli & Almond Soup

🕐 準備時間：15 分鐘
🍴 烹製時間：15 分鐘

👩👩👩👩👩

材料

牛油 25 克

洋葱 1 個，切小塊

西蘭花（青花椰菜）約 500 克，切成小朵，莖切片

杏仁碎 40 克

蔬菜上湯或雞上湯 900 毫升

牛奶 300 毫升

鹽和胡椒適量

裝飾

牛油 15 克

原味優格 6 湯匙

杏仁片 3 湯匙

作法

1 燒熱大平底鍋，融化牛油，加入洋葱，小火翻炒 5 分鐘，至剛變軟即可。加入西蘭花炒勻，至全部裹上牛油。然後加入上湯、杏仁碎及少許鹽和胡椒粉。

2 大火煮滾，加蓋，轉小火煮 10 分鐘，直至西蘭花剛軟而色澤仍亮綠。離火，待稍涼後，分批用攪拌機打茸，直至小綠點均勻散佈。

3 將攪好的湯回鍋，加入牛奶拌勻，翻熱，試味，按需要再調味。另取煎鍋，燒熱 15 克牛油，加入杏仁片炒幾分鐘，至金黃色。湯裝碗上桌，每碗湯面隨意淋上 1 湯匙優格，撒上杏仁片作裝飾。

🥄 **多一味**

西蘭花芝士湯
Broccoli & Stilton Soup

按上述方法烹製，但不用杏仁碎，而在翻熱時加入 125 克剁碎的 Stilton 芝士，邊煮邊攪，至芝士融化，裝碗；在每碗湯面撒上少許芝士粒和黑椒碎。

意大利蔬菜湯
Minestrone

🕐 準備時間：5 分鐘
🍳 烹製時間：23 分鐘

👫👫👧

材料

橄欖油 2 湯匙

洋葱 1 個，切小塊

蒜頭 1 瓣，拍碎

西芹莖 2 支，切塊

韭菜 1 條，切薄片

胡蘿蔔 1 個，切小塊

罐裝番茄粒 1 罐（400 克）

雞上湯或**蔬菜上湯** 600 毫升

翠玉瓜（西葫蘆）1 個，切粒

椰菜（高麗菜，小）1/2 個，切絲

月桂葉 1 片

罐裝扁豆 75 克

意大利粉（拗成小段）或其他短意大利粉 75 克

洋芫荽（巴西里）**碎** 1 湯匙

鹽和**胡椒**適量

帕馬森芝士碎少許

作法

1 把橄欖油放入大平底鍋燒熱，加入洋葱、蒜泥、西芹和胡蘿蔔，中火煮 5 分鐘，間中翻動幾下。然後加入番茄、上湯、翠玉瓜、椰菜、香葉和扁豆。待湯煮沸後把火調小，慢火再煮 10 分鐘。

2 加入意大利麵及鹽和胡椒粉，拌勻，再煮 8 分鐘，邊煮邊攪，以免黏底。起鍋前，加入芫荽（香菜）碎拌勻，裝碗上桌；飲用時撒上芝士碎。

🥄 多一味

青醬意大利菜湯
Minestrone with Rocket & Basil Pesto

按照上述方法煮好湯，裝碗後在湯面舀上兩三茶匙青醬（用剁碎芝麻菜葉和羅勒葉各 25 克，加 1 瓣切碎蒜頭和 25 克松子碎、2 湯匙鮮磨帕馬森芝士碎、少許鹽和胡椒、125 毫升橄欖油拌勻；或可將上述材料放入食物處理機中攪成醬）。

韭菜豌豆忌廉湯
Cream of Leek & Pea Soup

🕐 準備時間：15 分鐘
⏲ 烹製時間：20 分鐘
👥👥👥👥👥👥

材料

橄欖油 2 湯匙，**薄荷** 1 小撮
韭菜 375 克，洗淨切薄片
新鮮去莢豌豆或**急凍豌豆**（青豆）375 克
蔬菜上湯或**雞上湯** 900 毫升
全脂馬斯卡邦芝士 150 克
檸檬 1 小個，取皮刨絲
鹽和**胡椒**適量

裝飾

薄荷葉適量（選用）
長條檸檬皮絲適量（選用）

作法

1 把橄欖油放入大平底鍋燒熱，加入韭菜
爆香，加蓋以慢火煎 10 分鐘，間中翻動
一下，直至軟身但不變色即可；再加入
豌豆略炒。

2 將上湯注入鍋內，加入少許鹽和胡椒，
大火煮沸，然後調小火，加蓋煲 10 分鐘。

3 將一半湯取出，加入所有薄荷，用攪拌
機打至勻滑，倒回鍋中。取一半檸檬皮
絲與馬斯卡邦芝士拌勻，另一半留作裝
飾用。將半份芝士混合物舀入湯中，翻
熱，不斷攪拌至芝士融化；試味，有需
要的話再調味。裝碗上桌；在湯面淋上
餘下的芝士，再撒上剩餘的檸檬皮絲。
想更美觀的話，可用薄荷葉和長條檸檬
皮絲作點綴。

🍲 **多一味**

葱香豌豆西洋菜忌廉湯
Cream of Leek, Pea & Watercress Soup

依上法烹製，豌豆用量減至 175 克，
改加一撮切碎的西洋菜，用 600 毫升
上湯煮蔬菜 10 分鐘，以 150 毫升牛奶
和 150 毫升濃忌廉（濃奶油）代替馬
斯卡邦芝士加入湯中。翻熱後起鍋裝
碗，再滴入少許忌廉在湯面，並加上一
些烘脆的煙肉（培根）碎。

香辣豆湯
Chilli, Bean & Pepper Soup

🕐 準備時間：20 分鐘
🕐 烹製時間：30 分鐘

👫👫👫👫

材料

葵花籽油 2 湯匙

洋葱 1 大個，切小塊

蒜頭 4 瓣，剁泥

紅甜椒 2 個，去瓢，切粒

紅辣椒 2 支，去籽，切碎

蔬菜上湯 900 毫升

番茄汁 750 毫升

番茄泥 1 湯匙

番茄膏 1 湯匙

甜辣醬 2 湯匙

罐裝紅腰豆 1 罐，400 克，瀝乾

芫荽碎（香菜碎）2 湯匙

鹽和胡椒適量

酸忌廉（酸奶油）75 毫升

作法

1 在大平底鍋中燒熱葵花籽油，炒香洋葱
和蒜茸，至變軟而未變色，加入甜椒和
辣椒翻炒幾分鐘，加入上湯和番茄汁、
番茄茸、番茄膏、甜辣醬、紅腰豆和洋
芫荽碎拌勻，煮沸後，加蓋慢火煮 20 分
鐘。

2 待湯稍涼，以用攪拌機打至勻滑，或用
篩壓爛湯料。回鍋，試味，隨個人喜好
略加辣汁。重新煮沸，即可分碗上桌。
在每碗湯上淋上少許酸忌廉，可搭配墨
西哥薄餅，更多配忌廉及青檸皮絲伴食。

🥣 多一味

香辣茄子湯
Chilli, Aubergine & Pepper Soup

1 個茄子切粒，按上述方法，在大平底
鍋中燒熱 2 湯匙葵花籽油，加入茄子、
洋葱和蒜茸炒香，至茄子略變金黃色，
加入甜椒和辣椒翻炒，加入 600 毫升
上湯和番茄汁、番茄茸、番茄膏、甜辣
醬，以一小撮羅勒葉代替紅腰豆，照上
述方法煮好及處理；視乎需要，可加少
許上湯調節濃度。

意大利蛋湯
Stracciatella

🕐準備時間：5 分鐘
⏱烹製時間：4-6 分鐘
👪👪👪👪👪

材料

雞上湯 1.2 公升

雞蛋 4 顆

鮮磨帕馬森芝士 25 克

新鮮白麵包糠 2 湯匙

肉豆蔻粉 1/4 茶匙

鹽和**胡椒**適量

羅勒葉適量

作法

1 將雞湯煮沸，把火調小，繼續煮 2-3 分鐘。把雞蛋、帕馬森芝士碎、麵包糠和肉豆蔻粉放在碗裡拂勻，並調味。將 2 大勺熱湯注入蛋糊，拌勻。

2 盡量調小煮湯的火力，緩緩把蛋液倒入湯中輕拌，至均勻。要確保火力適中，避免沸騰，令雞蛋凝結，慢煮 2-3 分鐘至湯微滾。

3 摘下羅勒葉，撕碎，加入鍋中，把湯裝碗，在每碗湯上磨一點帕馬森芝士供食。

🥄 多一味

蛋花湯
Egg Drop Soup

按上述方法，加熱 1.2 公升雞湯，加入 1/2 茶匙砂糖和 1 湯匙醬油。在小碗中拂勻 2 顆雞蛋，用叉子打圈攪動湯水，再把叉子提高，將蛋液沿叉齒流入湯中，讓雞蛋在轉動的湯中形成蛋花。靜置一兩分鐘，待蛋花凝固，即可裝碗。撒上蔥花、芫荽（香菜）或青辣椒絲作點綴。

美味翠玉瓜湯
Courgette Soup with Gremolata

🕐 準備時間：15 分鐘
🕐 烹製時間：25 分鐘

👫👫👫

材料

洋葱 1 個，切小塊

翠玉瓜（西葫蘆）250 克，切粒

西芹梗 1 支，切粒

蒜頭 2 瓣，剁泥，意大利米 75 克

雞上湯或蔬菜上湯 1.2 公升

乾白葡萄酒 150 毫升

鮮磨帕馬森芝士 4 湯匙

雞蛋 2 顆，拂勻

牛油 25 克，鹽和胡椒適量

意式香草料

羅勒 1 小撮，洋芫荽（巴西里）1 小撮

酸豆 2 茶匙

檸檬皮絲 1 個

作法

1 將牛油放鍋中煮融，下洋葱，小火炒 5 分鐘至軟，加入翠玉瓜、西芹和蒜茸略炒，加入意大利米再炒。

2 注入上湯和白葡萄酒，加適量的鹽和胡椒調味，慢火煮 15 分鐘，邊煮邊攪，至米熟軟。

3 關火，待湯稍涼。將雞蛋和芝士碎混合，再慢慢注入一勺熱湯拌勻；將蛋糊倒入湯鍋中拌勻，微微加熱至湯變得略濃稠，但勿煮沸，以免雞蛋凝固。

4 將所有意式香草料切碎，拌勻。把湯裝碗，然後撒上香草料在上面。

🥣 多一味

翠瓜三文魚湯
Courgette, Lemon & Salmon Soup

照上述方法煮湯，在最後 10 分鐘加入 375 克三文魚（鮭魚）排，幾分鐘後，將魚撈出，去皮及骨，拆肉，分裝碗裡。將 2 顆雞蛋拂勻，拌入 1/2 個檸檬的汁，然後注入一勺熱湯拌勻，倒回鍋裡拌勻。微微加熱至湯變得略濃稠。將湯舀到已有魚肉的碗裡，再撒上小片洋芫荽（巴西里）即可。

檸香生菜豆茸羹
Pea, Lettuce & Lemon Soup

🕐 準備時間：10 分鐘
🕐 烹製時間：15-20 分鐘

👨‍👩‍👧‍👧

材料

牛油 25 克

洋蔥 1 大個，切小塊

急凍豌豆（青豆）425 克

生菜 2 棵，切成小塊

蔬菜上湯或雞上湯 1 公升

檸檬 1/2 個

鹽和胡椒適量

芝麻麵包丁

方包（麵包）2 厚片，切粒

橄欖油 1 湯匙

芝麻 1 湯匙

作法

1 方包粒掃油，放烤盤中，撒上少許芝麻，放入預熱至 200℃（煤氣爐 6 度）的烤箱中，烤 10-15 分鐘至呈金黃色。

2 同時，將牛油放鍋中煮融，下洋蔥，小火炒 5 分鐘至軟，加入豌豆、生菜、上湯、檸檬皮絲和檸檬汁，少許鹽和胡椒，煮沸，把火調小，加蓋煮 10-15 分鐘。

3 待湯稍涼，用攪拌機打至勻滑。倒回鍋中，試味並調味後再煮沸。把湯裝入預熱過的碗中，放上幾顆芝麻麵包丁。

🍲 **多一味**

檸香菠菜豆茸羹
Pea, Spinach & Lemon Soup

照上述方法煮湯，以 125 克菠菜嫩葉代替生菜，小火煮 10-15 分鐘，用攪拌機打至勻滑，重新加熱，加少許肉豆蔻粉調味。盛碗上桌，每份淋上 2 茶匙原味乳酪（優格）。

花園香草濃湯
Garden Herb Soup

🕐 準備時間：15 分鐘
🕐 烹製時間：30 分鐘

👫👫👩

材料

牛油 50 克
洋葱 1 個，切小塊
馬鈴薯 250 克，切粒
火腿上湯、雞上湯或**蔬菜上湯** 1 公升
洋芫荽（巴西里）和**細香葱**共 75 克，略撕碎
鹽和**胡椒**適量

作法

1 將牛油放鍋中煮融，下洋葱，小火炒 5 分鐘至軟而不變焦。加入馬鈴薯炒勻，加蓋煎 10 分鐘，不時翻轉，至邊緣呈金黃色。

2 注入上湯，加適量的鹽和胡椒調味，待湯煮沸後，加蓋調小火煮 10 分鐘，或至馬鈴薯變軟。關火，待湯稍涼，加入洋芫荽、香葱，用攪拌機打至勻滑。

3 將濃湯倒回鍋中加熱，試味並再調味。離鍋盛入杯中，搭配烤煙肉（培根）三文治食用。

🥄 多一味

意大利香草濃湯
Italian Herb Soup

將 2 湯匙橄欖油倒入鍋中燒熱，加入洋葱煎至熟軟。加入 150 克馬鈴薯粒，加蓋煎 10 分鐘。按上述方法，注入上湯，調味，再加蓋煮 10 分鐘。用攪拌機打至勻滑，用 75 克芝麻菜葉代替香草，並加入 25 克松子或杏仁碎和 40 克鮮磨帕馬森芝士。重新加熱，湯面撒上烤松子供食。

椰汁紅咖喱雞湯
Red Chicken & Coconut Broth

🕐 準備時間：10 分鐘
🍳 烹製時間：20-21 分鐘
👫👫

材料

葵花籽油 1 湯匙

去皮雞排 250 克，切小塊

泰式紅咖喱醬 4 茶匙

南薑醬 1 茶匙

泰國青檸葉 3 片

椰醬 1 罐，400 克

泰國魚露 2 茶匙

黑蔗糖 1 湯匙

雞上湯 600 毫升

蔥 4 條，切絲，另 2 條，裝飾用

荷蘭豆 50 克，切絲

黃豆芽 100 克

芫荽（香菜）1 小束

作法

1　在大平底鍋中燒熱葵花籽油，加入雞肉和咖喱醬，炒 3-4 分鐘，至雞肉剛上色。加入南薑醬、青檸葉、椰醬、魚露和黑蔗糖拌勻，然後加入上湯。

2　待湯煮沸，加蓋，小火煮 15 分鐘，不時攪動，至雞肉煮熟。

3　將留作裝飾的 2 條蔥切出細絲，浸在冷水中 10 分鐘，取出瀝乾。

4　將餘下的蔥、荷蘭豆和豆芽加入湯中煮 2 分鐘，裝碗供食，用芫荽（香菜）葉和蔥絲卷作裝飾，上桌。

🥣 多一味

椰汁咖喱魚湯
Red Fish & Coconut Broth

將油燒熱，加入紅咖喱醬爆炒 1 分鐘，加入南薑醬、青檸葉、椰醬、魚露和黑蔗糖拌勻，注入上湯，加入 250 克三文魚（鮭魚）肉，加蓋煮 10 分鐘，撈出魚塊，去皮去骨拆肉，放回湯中，加入蔬菜和 125 克小蝦，按上述方法慢火煮 2 分鐘，裝碗供食，用芫荽（香菜）葉作裝飾。

蝦麵清湯
Prawn & Noodle Soup

🕐 準備時間：10 分鐘
⏱ 烹製時間：15 分鐘
👫👫👫

材料
蔬菜上湯或**雞上湯** 900 毫升
泰國青檸葉 2 片
香茅 1 棵，拍裂
乾蛋麵 150 克
急凍豌豆（青豆）50 克
急凍粟米（玉米）50 克
熟大蝦 100 克
洋葱 4 個，切片
醬油 2 茶匙

作法
1 將上湯與青檸葉、香茅一起加入鍋中大火加熱，待湯煮沸後，把火調低，慢火煮 10 分鐘。

2 將麵條加入湯中，依照包裝說明烹飪。2 分鐘後，加入豌豆、粟米、蝦、洋葱和醬油，再煮 2 分鐘。取出香茅扔掉，將湯盛入預熱過的碗中即可。

 多一味

雞肉麵清湯
Chicken & Noodle Soup

在鍋中煮沸上湯、青檸葉和香茅後，加入 2 塊去骨去皮雞胸肉的肉丁，加熱煮沸，改慢火煮 10 分鐘，接下來按上述步驟完成即可。

粟米忌廉湯
Cream of Sweetcorn Soup

🕐 準備時間：5-10 分鐘
🕑 烹製時間：25-30 分鐘

👩👩👩👧

材料

牛油 40 克

洋葱 1 個，切碎

馬鈴薯 2 個，切粒

麵粉 25 克

牛奶 900 毫升

月桂葉 1 片

罐裝粟米粒（甜玉米）2 罐，每罐 325 克，瀝乾

濃忌廉（濃奶油）6 湯匙

鹽和**胡椒**適量

煎香煙肉（培根）適量，切碎用作配菜

作法

1 將牛油放入熱鍋中煮融，下洋葱和馬鈴薯，慢火煎 5 分鐘，不時翻炒至軟而不變焦。

2 加入中筋麵粉拌勻，再緩緩注入牛奶，不停地攪拌。大火煮沸後，加入月桂葉及適量的鹽和胡椒調味。加入半份粟米粒，加蓋調小火煮 15-20 分鐘。

3 取出月桂葉扔掉，將湯移至一旁，待稍微冷卻，以攪拌機攪成糊狀。然後倒回鍋中，加入剩餘的粟米粒，加熱煮沸。

4 加入忌廉拌勻，在湯面撒上少許煎香的煙肉（培根），即可趁熱享用。

🥄 多一味

甘薯粟米忌廉湯
Cream of Sweet Potato & Sweetcorn Soup

按上述方法將洋葱放入牛油中炒軟，加入 425 克甘薯（地瓜）粒代替馬鈴薯，烹調步驟如上。搭配少許煎香的西班牙辣肉腸粒代替煙肉（培根）食用。

地中海香蒜湯
Mediterranean Garlic Soup

🕐 準備時間：10 分鐘

🕐 烹製時間：16-18 分鐘

材料

橄欖油 2 湯匙

蒜頭 2-3 瓣，剁泥

西班牙辣香腸 125 克，切粒

紅葡萄酒 6 湯匙

牛肉上湯 1 公升

番茄泥 2 茶匙

紅糖 1 茶匙

雞蛋 4 顆

鹽和**胡椒**適量

洋芫荽（巴西里）適量，切碎，裝飾用

作法

1 在大平底鍋中燒熱橄欖油，加入蒜茸和西班牙辣香腸粒，慢火輕炒 3-4 分鐘。倒入紅葡萄酒、上湯、番茄茸和紅糖，加適量的鹽和胡椒調味，慢火煮 15 分鐘。

2 把火調至極慢，把雞蛋打開逐顆輕輕下入湯中，每顆蛋之間相隔一些距離。慢煮 3-4 分鐘至蛋白凝固，蛋黃要煮至多硬則取決於個人喜好。

3 嘗味並酌情調味，將煮好的雞蛋分別裝碗，然後裝湯，撒上少許洋芫荽在湯面；配香蒜麵包粒（第 11 頁）伴食。

🥄 多一味

蒜香馬鈴薯湯
Garlic & Potato Soup

在炒洋葱和西班牙辣香腸時，加入 375 克馬鈴薯粒。再加入紅葡萄酒、上湯、番茄茸、紅糖和調味品，慢火煮 30 分鐘。將湯裝碗，搭配撒上 Gruyere 芝士碎（第 123 頁）的香蒜包食用。

泰式酸辣湯
Hot & Sour Soup

🕐 準備時間：10 分鐘
🕐 烹製時間：12 分鐘

👭👭👭👭

材料

蔬菜上湯或**魚上湯** 750 毫升

乾泰國青檸葉 4 片

生薑 1 段約 2.5 厘米，削皮，切末

紅辣椒 1 支，去籽，切片

香茅 1 棵，拍裂

蘑菇 125 克，切片

米粉 100 克

菠菜嫩葉 75 克

去殼熟老虎蝦 * 125 克

檸檬汁 2 湯匙

鮮磨黑胡椒適量

* 老虎蝦若為冷凍品，需先解凍，再用冷水
　洗淨，瀝乾。

作法

1 將上湯、青檸葉、薑末、紅辣椒和香茅
　放入湯鍋中，加蓋，煮沸，然後加入蘑
　菇，慢火煮 2 分鐘。把米粉折成小段，
　下入湯中，再煮 3 分鐘。

2 加入菠菜嫩葉和蝦，慢火煮 2 分鐘，直
　至蝦熱透，加入檸檬汁，離火。取出香
　茅扔掉，上桌前加入黑胡椒調味。

🥣 多一味

香辣椰奶湯
Hot Coconut Soup

按上述方法煮湯，只需加入 450 毫升
上湯、1 罐 400 毫升的椰奶和 2 茶匙現
成的泰國紅咖喱醬。按上述步驟完成，
裝碗後撒上少量的香菜葉碎，即可。

花菜西打芝味湯
Cheesy Cauliflower & Cider Soup

🕐 準備時間：15 分鐘
🕐 烹製時間：30 分鐘

👫👫👫

材料

牛油 40 克

洋葱 1 個，切碎

馬鈴薯 200 克，切小塊

椰菜花（花椰菜）1 個，去粗莖，取花，
淨重約 500 克

雞上湯或**蔬菜上湯** 900 毫升

乾蘋果西打（蘋果酒）300 毫升

芥末籽醬 2 茶匙

成熟車打 [Cheddar] 芝士 75 克，磨碎

鹽和**辣椒末**適量

葱花適量，裝飾用

作法

1 將牛油放鍋中煮融，下洋葱，小火炒 5
分鐘至邊緣呈金黃色。加入馬鈴薯略炒
幾下，再加入椰菜花小朵、上湯、乾蘋
果西打和芥末籽醬炒勻。加適量的鹽和
辣椒調味，待湯煮沸，加蓋，小火煮 15
分鐘，至蔬菜熟軟。

2 略攪拌湯汁，增加濃度，再加入熟車打
芝士拌勻，加熱，不斷攪拌至融化。嘗
味，並酌情調味，然後起鍋裝碗。撒上
少許葱花，即可搭配香蒜麵包粒（第 11
頁）或威爾斯烤芝士包伴食。

🥄 多一味

威爾斯烤芝士包
Welsh Rarebit Toasts

將 125 克切碎的熟車打芝士與 1 個蛋
黃、2 茶匙喼汁（辣醬油）、1 茶匙芥
末籽醬和少量的辣椒粉調勻。取 4 片麵
包，兩面均微烤。在每片的表面抹上芝
士混合物，置於熱烤架上烘烤，至芝士
起泡、色澤金黃。上桌時切成細條供食
用。

chilled soups
夏日清涼湯

甜菜頭蘋果湯
Beetroot & Apple Soup

🍲 準備時間：25 分鐘

🍳 烹製時間：50 分鐘，另加冷凍時間

👫👫👫

材料

橄欖油 1 湯匙

洋葱 1 個，切小塊

新鮮甜菜頭 500 克，去枝葉，削皮，切粒

大蘋果 375 克，切 4 等份，去核，削皮，切粒

蔬菜上湯或**雞上湯** 1.5 公升

鹽和**胡椒**適量

調味料

酸忌廉（酸奶油）6 湯匙

紅蘋果 1 個，去核，切粒

石榴 1/2 個，取籽

楓糖漿 4 湯匙

作法

1 把橄欖油放入大平底鍋燒熱，加入洋葱炒 5 分鐘至軟。加入甜菜頭和蘋果，注入上湯，加適量的鹽和胡椒調味，大火煮沸，然後轉小火，加蓋，以小火熬 45 分鐘。要間中攪動，煮至甜菜頭熟軟。

2 熄火，待湯稍涼，分批以攪拌機打至勻滑。倒入大口瓶中，嘗味，按需要調味，然後放入冰箱，冷藏 3-4 小時或整夜。

3 將湯裝碗，湯面加 1 湯匙酸忌廉，撒上蘋果粒和石榴籽，淋上少許楓糖漿。還可連小瓶楓糖漿一起上桌，讓食者隨意添加，並可搭配黑麥包片伴食。

🍲 **多一味**

甜菜頭香橙湯
Beetroot & Orange Soup

按上述方法炒洋葱，加入甜菜頭（不加蘋果）炒熟，加湯煮 45 分鐘，用鹽和胡椒調味。並按上述方法將湯拌滑，然後加入 2 個大橙的果皮絲和果汁。放入冰箱冷凍後，淋上一圈奶油、少許蜂蜜，撒上幾絲橙皮（用刨絲器製作）作裝飾即可。

香辣蜜瓜泡沫湯
Chillied Melon Foam

🕐 準備時間：15 分鐘

👫👫👫

材料

熟圓蜜瓜 2 個

鮮榨青檸汁 1 個

微辣紅辣椒 1/2-1 支，去籽，切 4 等份

芫荽（香菜） 1 小撮，另備小量葉作裝飾

蘋果汁 300 毫升

青檸角適量，裝飾用（選用）

作法

1 蜜瓜對切，挖去瓤和核，再刮出瓜肉，
與青檸汁、紅辣椒和切碎的芫荽（香菜）
一同放入攪拌機或食物加工機中，注入
一半的蘋果汁攪至勻滑。然後緩緩注入
剩餘的蘋果汁攪拌至起泡。

2 倒入盛有半杯冰塊的杯子或玻璃杯中，
放上 1 片芫荽（香菜）葉作裝飾，喜歡
的話，可加青檸塊，趁泡沫消失前飲用。

🥄 多一味

薑汁蜜瓜泡沫湯
Gingered Melon Foam
將蜜瓜對切，挖去瓤和核，刮出瓜肉，
與 2 個洋蔥碎和 150 毫升低脂鮮忌廉
（鮮奶油）一同放入攪拌機或食物加工
機中拌勻，再加入 150 毫升薑啤，攪
拌至起泡即可。倒入淺碗或掏空的瓜皮
中享用。

酸櫻桃湯
Sour Cherry Soup

🕙 準備時間：10 分鐘

⏱ 烹製時間：12 分鐘，另加冷凍時間

👫👫👫👫👫

材料

雷司令 [Riesling] 乾白葡萄酒 300 毫升

清水 450 毫升

細砂糖 2 湯匙

肉桂條 1 支，對切

檸檬 1 個，榨汁及磨皮

袋裝急凍去核櫻桃 1 袋，475 克

酸忌廉（酸奶油） 300 毫升

肉桂粉 適量，裝飾用

作法

1 將白葡萄酒、清水放入湯鍋，加砂糖、肉桂條、檸檬絲和果汁，大火煮沸，改小火再煮 5 分鐘。

2 加入木解凍的櫻桃，小火煮 5 分鐘。取出肉桂條，將一半的湯汁和櫻桃舀入攪拌機或食物加工機中，加入酸忌廉，攪至勻滑；倒回鍋中，與其他湯汁混合均勻。

3 將湯冷透，盛入淺碗中，讓櫻桃一望而見，撒上少許肉桂粉作裝飾。喜歡的話，配幾粒有梗的鮮櫻桃一起上桌。

🦐 多一味

椒香士多啤梨（草莓）湯
Peppered Strawberry Soup

按上述方法，用白葡萄酒、清水、砂糖、檸檬絲和果汁煮成糖漿，以 1/2 茶匙彩色胡椒碎代替肉桂粉。小火燉 5 分鐘，加入 500 克切片或對切的士多啤梨（草莓，依大小而定），按上述步驟完成即可。

牛油果酸忌廉湯
Avocado & Soured Cream Soup

🕐 準備時間：15 分鐘

🕐 烹製時間：5 分鐘

👨👩👨👩👨👩

材料

葵花籽油 1 湯匙

葱 4 條，切段；另 2 條配菜用

成熟牛油果（酪梨） 2 大個，對切，去核

酸忌廉（酸奶油） 4 湯匙

蔬菜上湯或**雞上湯** 600 毫升

青檸汁 2 個

鹽和**胡椒**適量

塔巴斯高 [Tabasco] 辣汁適量

作法

1 在煎鍋中燒熱葵花籽油，加葱段爆香。
裝飾用的葱切幼長絲，用涼水浸泡 10 分
鐘，做成葱卷，瀝乾備用。

2 用甜品匙舀出牛油果（酪梨）果肉，與
爆香的葱、酸忌廉和約 1/3 的上湯一同
放入攪拌機或食物加工機中打成茸，再
緩緩注入剩餘的上湯和青檸汁拌勻。加
適量的鹽、胡椒及幾滴塔巴斯高辣椒汁
調味。

3 盡快盛入放有冰塊的杯子或玻璃杯中，
趁牛油果（酪梨）顏色鮮綠時上桌。在
湯面放幾條葱絲，配麵包條或意式麵包
棒（見右欄）食用。

🍲 **多一味**

自製椒鹽意式麵包棒
Homemade Salt & Pepper Grissini

將 250 克高筋麵粉放入大碗中，加 1/4
茶匙鹽、1 茶匙幼砂糖和 1 茶匙速發乾
酵母拌勻，再加入 4 茶匙橄欖油，一邊
攪拌，一邊緩緩注入 150 毫升溫水，至
麵糰勻滑。移至撒了薄粉的桌面上，揉
搓 5 分鐘，分成 18 個小麵糰。然後將
每塊搓成細繩狀，置於塗油的烘焙紙上，
上面以保鮮紙蓋住，放在溫暖的地方醒
發 30 分鐘。移除保鮮紙，為每條麵糰掃
上蛋液，撒上少許粗海鹽和大量的粗磨
黑椒粉。放入預熱至 200℃（400℉）、
煤氣 6 度的烤箱中，烤 6-8 分鐘至金黃
色。趁熱或待冷卻後配湯食用。

茴香馬鈴薯冷湯
Fennel Vichyssoise

🕐 準備時間：20 分鐘
🔥 烹製時間：30 分鐘，另加冷凍時間

👪👪👪

材料

牛油 25 克
球莖茴香 1 個，200-250 克，剪下綠葉備用，去芯，切小塊
葱 4 條，切段
馬鈴薯 150 克，切粒
雞上湯 450 毫升
牛奶 250 毫升

作法

1 燒熱大平底鍋，融化牛油，加入茴香塊、葱段和馬鈴薯粒翻炒，待牛油均勻裹住，加蓋小火燜 10 分鐘，間中翻炒幾下，至蔬菜略軟但不變焦。

2 注入雞上湯，調味，人火煮沸，改小火加蓋再煮 15 分鐘，至蔬菜剛軟，顏色仍為淡綠色。

3 待湯稍涼，分批以攪拌機拌至勻滑，再透過細篩倒回鍋中，用湯勺壓濾在篩上的茴香碎粒。加入牛奶和濃忌廉（濃奶油）拌勻，試味並酌情調味。放入冰箱至完全冰凍。

4 冷卻後，舀入盛有半杯冰塊的小碗或玻璃杯中，撒上留用的茴香葉碎即可。

 多一味

傳統馬鈴薯冷湯
Classic Vichyssoise
以 375 克韭菜代替茴香和葱。用冷水洗淨韭菜，瀝乾，切段，將一半的濃忌廉（濃奶油）加入湯中拌勻，剩下的一半在食用前直接淋在湯面。撒上少許香葱花即可。

西班牙蔬菜冷湯
Gazpacho

🕐準備時間：10-15 分鐘，另加冷凍時間

👪👩👩👩👩

材料

蒜頭 2 瓣，切碎

鹽 1/4 茶匙

白麵包厚片 3 片，去皮

番茄 375 克，剝皮，切小塊

大青瓜 1/2 條，去皮去核，切小塊

紅甜椒 1 大個，去籽，切小塊

西芹莖 2 支，切 4 等份

橄欖油 5 湯匙，白酒醋 4 湯匙

清水 1 公升

新鮮黑胡椒粉適量

裝飾

番茄 2 個，去籽，切粒

黃瓜 1/4 個，切粒

紅洋葱 1/2 個，切碎

作法

1 將粗蒜末和適量的鹽放入研缽中，搗成泥狀，也可置於砧板上，用刀身壓碎。將麵包放在碗裡，加冷水浸 5 秒鐘，撈起，擠出水分。

2 番茄、青瓜、紅甜椒和西芹莖放入攪拌機，加入蒜泥、麵包和橄欖油，攪拌至勻滑。

3 將混合液倒入大碗中，加入白酒醋和清水拌勻，再加適量的黑胡椒調味。密封，放入冰箱冷凍至少 3 小時。取出，盛入玻璃杯中，撒上少許番茄粒、青瓜粒和洋葱粒即可趁冰涼時飲用。

🥣 多一味

微辣涼菜湯
Chillied Gazpacho

如上述方法做湯，另加入 1 大支微辣紅椒（去籽、切碎），烹調步驟如上。最後撒上一些薄荷碎葉，加幾滴橄欖油即可享用。

冰凍杏仁葡萄湯
Chilled Almond & Grape Soup

🕐 準備時間：20 分鐘，另加冷凍時間

👩👩👩👩👩

材料

意式脆皮乾麵包 100 克，去皮
雞上湯 600 毫升
去皮杏仁 100 克
蒜頭 1-2 瓣，切片
橄欖油 2 湯匙
雪莉酒醋 2 湯匙
鹽和**胡椒**適量

裝飾

杏仁片 3 湯匙，烘烤
無籽葡萄 150 克，對切

作法

1 將脆皮乾麵包撕碎放入碗中，注入 150 毫升雞上湯，浸泡 5 分鐘至麵包軟化。

2 將杏仁和蒜片放入食物加工機中，攪拌成粉末狀，再加入浸濕的麵包、上湯、橄欖油、雪梨醋及少許鹽和胡椒一同攪拌，然後緩緩注入剩餘的雞上湯拌勻。

3 放入冰箱，至少冷藏 2 小時。試味並酌情調味，然後舀入小碗中，撒上無籽葡萄和杏仁片。搭配新鮮意式脆皮麵包食用。

🥄 多一味

冰凍番茄杏仁湯
Chilled Tomato & Almond Soup
按上述步驟，將麵包浸入 150 毫升上湯中，再加入 450 毫升上湯和 150 毫升番茄泥拌勻。待完全冰凍，撒上烤杏仁片、4 塊油浸乾番茄和少許羅勒葉，代替無籽葡萄。

血腥瑪麗湯
Bloody Mary Soup

🕐 準備時間：20 分鐘

⏱ 烹製時間：25 分鐘，另加冷凍時間

👪👫👫

材料

橄欖油 1 湯匙

洋葱 1 個，切碎

紅甜椒 1 個，去籽，切粒

西芹莖 2 根，切片

長型小番茄 500 克，切碎

蔬菜上湯 900 毫升

砂糖 2 茶匙

喼汁（辣醬油） 4 茶匙

番茄泥 4 茶匙

伏特加酒 4 湯匙

塔巴斯高辣椒汁 幾滴

帶葉嫩西芹莖 少許，裝飾用

作法

1 燒熱大平底鍋，融化牛油，加入洋葱煎 5 分鐘至熟軟，但顏色不至褐色。加入紅辣椒、西芹片和番茄，煎 5 分鐘，偶爾翻炒幾下。

2 注入蔬菜上湯，加入砂糖、喼汁、番茄茸及少許鹽和胡椒拌勻，大火煮沸，加蓋，改小火煮 15 分鐘。

3 待湯稍涼，分批以攪拌機打至勻滑，可透過細篩過濾，再倒回鍋中。加入伏特加酒和塔巴斯高辣椒汁，可酌情調味。放入冰箱冷透。

4 將湯舀入小碗或玻璃杯中，放上帶葉嫩西芹莖，滴上少許橄欖油，撒上少許胡椒即可。

🥣 **多一味**

原汁瑪麗沙司湯
Virgin Mary & Pesto Soup

按上述方法煎好洋葱，加入紅甜椒、西芹和番茄炒勻，再加入 900 毫升蔬菜上湯、4 茶匙風乾番茄茸和 2 茶匙砂糖，小火煮 15 分鐘、再加入 1 湯匙青醬拌勻後裝碗。待冰凍後，向每隻碗中加入少量青醬，放上幾片羅勒葉作裝飾即可。

優格核桃黃瓜湯
Yogurt, Walnut & Cucumber Soup

🕐 準備時間：15 分鐘，另加浸泡和冷凍時間

👨‍👩‍👧‍👧

材料

黃瓜 1/2 條

核桃肉 25 克

蒜頭 1 瓣

蒔蘿（小茴香）4 株

白麵包 1/2 片，撕碎

橄欖油 2 湯匙

低脂原味乳酪（優格）400 克

冷水 4 湯匙

檸檬汁 2 茶匙

裝飾

橄欖油少量

核桃碎少量

蒔蘿（小茴香）小枝適量

作法

1 將黃瓜削皮，切小塊，用少許鹽醃 20 分鐘，備用。

2 用冷水沖洗醃過的黃瓜，瀝乾。將核桃肉、蒜頭、蒔蘿（小茴香）、麵包和橄欖油放入食品加工機中拌至勻滑。再加入黃瓜和低脂原味優格攪勻，至黃瓜充分攪碎。加入冷水、檸檬汁，並加適量的鹽和胡椒調味。放入冰箱充分冷卻。

3 舀入玻璃杯中。在湯面淋上少許橄欖油，撒上一些核桃片和 1-2 片蒔蘿（小茴香）。可依個人口味，搭配烤皮塔餅食用。

🥄 多一味

薄荷優格杏仁黃瓜湯
Minted Yogurt, Almond & Cucumber Soup

按上述方法醃製黃瓜。以 25 克杏仁粉和 2 根新鮮薄荷莖代替核桃、蒜頭和蒔蘿（小茴香）。按上述步驟，加入麵包和橄欖油攪拌，再加入洗淨瀝乾的黃瓜、低脂原味乳酪（優格）、冷水和檸檬汁，用適量的鹽和胡椒調味。再次攪勻，然後放入冰箱冷藏。舀入碗中，淋上一圈橄欖油，撒上少許烤杏仁片和少許薄荷嫩葉即可。

冰凍生菜湯
Chilled Lettuce Soup

🕐 準備時間：15 分鐘
🍳 烹製時間：14-15 分鐘，另加冷凍時間

👪👦👧👦👧

材料

牛油 25 克

葱 4 條，切段

新鮮去莢豌豆或急凍青豆 250 克

羅馬生菜 1 棵，剝離菜葉

雞上湯或蔬菜上湯 600 毫升

砂糖 1 茶匙

濃忌廉（濃奶油）6 湯匙

鹽和胡椒適量

伴菜

小葉生菜葉 12 片

新鮮去殼蟹肉約 150 克

蛋黃醬 2 湯匙

檸檬汁 1 湯匙

紅椒粉適量

作法

1 燒熱大平底鍋，融化牛油，加入洋葱，翻炒 2-3 分鐘至熟軟。加入豌豆，翻炒 2 分鐘。將生菜切絲，放入鍋中。加入上湯、砂糖和少許鹽和胡椒，大火煮沸。

2 加蓋，改小火煮 10 分鐘，至生菜綿軟，但色澤鮮綠。待湯稍涼，用攪拌機打至勻滑。加入濃忌廉（濃奶油）拌勻，試味，並酌情調味。放入冰箱冷透。

3 將湯舀入碗中。拌勻蛋黃醬、檸檬汁和蟹肉，舀於小片生菜葉上，撒上少許紅椒粉，伴隨湯上桌。

🥄 **多一味**

冰凍西洋菜湯
Chilled Watercress Soup

按上述方法熱融牛油，將 1 小條韭菜切段，將白莖切小段與 200 克馬鈴薯粒一同入鍋，加蓋，小火煮 10 分鐘，間中翻炒幾下。注入 750 毫升雞上湯或蔬菜上湯，調味後加蓋，改小火燉 10 分鐘。再加入韭菜綠葉部分、200 克西洋菜，加蓋慢火煮 5 分鐘，至西洋菜剛軟。用攪拌機打至勻滑後倒回鍋中，加入 150 毫升牛奶和 150 毫升濃忌廉（濃奶油）拌勻。放入冰箱冷成。盛入淺碗中，淋上一圈濃忌廉（濃奶油）即可。

winter warmers
冬日暖心湯

煙燻茄子番茄濃湯
Smoked Aubergine & Tomato Soup

🕐 準備時間：20 分鐘
🥄 烹製時間：60 分鐘

👩👩👩👩👩

材料

茄子 2 大條，橄欖油 2 湯匙

洋葱 1 大個，切塊，蒜頭 2 瓣，切末

李形番茄 500 克，剝皮，切小塊

匈牙利紅椒粉 1/2 茶匙，砂糖 1 茶匙

蔬菜上湯或雞上湯 600 毫升

鹽和胡椒適量

鯷魚多士

油浸鯷魚柳 50 克，瀝乾，切碎

細葱花 2 湯匙，牛油 75 克

小法棍麵包 1 個或長棍麵包 1/2 條，切片

作法

1 用叉子在每條茄子蒂部以下刺孔，放在
烤架上烤 15 分鐘，邊烤邊翻，至茄子的
皮鼓起及變黑。移至砧板上，放涼。

2 燒熱大平底鍋，融化牛油，加入洋葱，翻
炒 5 分鐘至軟。其間把茄子對切，用羹
子舀出熟軟的茄子肉，烤焦的外皮丟棄。

3 將茄子肉和蒜末加入洋葱中，炒 2 分鐘。
再加入番茄、匈牙利紅椒粉和砂糖，略
煮片刻，然後加入上湯，以適量鹽和胡
椒調味。大火煮滾後，改小火加蓋慢煮
30 分鐘。

4 待湯稍涼，分批以攪拌機打至勻滑，倒回
鍋中加熱。將鯷魚碎、細葱花、牛油和少
許胡椒拌勻；麵包烤脆，塗上鯷魚牛油。
把湯裝碗，湯面放上鯷魚多士，立即享用。

🥄 多一味

煙燻番茄湯
Smoked Tomato Soup

把上述食譜中的茄子取消，改用 875
克去皮、切碎的番茄丁，在炒香洋葱和
蒜末後下鍋。如上述方法，加入匈牙利
紅椒粉、上湯、砂糖、鹽和胡椒，小火
慢煮後把湯以攪拌機打至勻滑。食用時
滴上幾滴香辣橄欖油代替鯷魚醬烤麵包
片即可。

摩洛哥羊肉番薯湯
Spiced Lamb & Sweet Potato Soup

🕐 準備時間：30 分鐘
🕐 烹製時間：2.5 小時
👫👫👫

材料

橄欖油 1 湯匙，**帶骨燉羊肉** 500 克

洋葱 1 個，切碎

蒜頭 1-2 瓣，切末

摩洛哥什錦香料 2 茶匙

薑 1 大塊，長約 2.5 厘米，磨泥

羊肉上湯或雞上湯 2 公升

紅扁豆 75 克

番薯（地瓜）300 克，切粒

胡蘿蔔 175 克，切粒

鹽和胡椒適量

芫荽（香菜）1 小撮，裝飾用（選用）

作法

1 在大平底鍋中燒熱橄欖油，加入帶骨燉
   羊肉，煎至一面呈褐色，然後翻轉再煎，
   然後加入洋葱，至羊肉均呈褐色，洋葱
   剛變軟。

2 加入蒜末、摩洛哥什錦香料和薑茸炒勻，
   倒入上湯、紅扁豆、適量的鹽和胡椒。
   待湯煮滾，把火調小，加蓋，改小火熬
   1.5 小時。

3 加入番薯和胡蘿蔔，加蓋再煲 1 小時。
   用漏勺撈出羊肉，放於盤中，小心去除
   骨頭和多餘的肥肉，切成小片。將肉片
   放回湯中，有需要的話，可重新加熱。
   試味並按需要調味。

4 裝碗，撒上少許芫荽（香菜）碎，搭配
   茴香麵包食用。

🥣 **多一味**

自製茴香麵包
Homemade Fennel Flat Breads

將 200 克自發麵粉、1/2 茶匙發酵粉、
1 茶匙孜然（搗碎）、適量的鹽和胡椒
放入碗中，拌勻；加入 2 湯匙橄欖油，
然後慢慢注入 6-7 湯匙清水，混合攪拌
成軟麵糰。把麵糰切成 6 份，放在撒有
麵粉的桌面上，以擀麵杖擀成手掌大小
的橢圓狀，置於預熱過的煎鍋上，兩面
各烤 3-4 分鐘，至麵糰脹發鬆軟。

牛肉薏米羹
Beef & Barley Brö

🕐 準備時間：20 分鐘

🍴 烹製時間：2 小時

👨👨👨👨👨

材料

牛油 25 克

燜牛肉 250 克，去除脂肪，切粒

洋蔥 1 大個，切碎

芥藍頭（瑞典蕪菁）200 克，切粒

胡蘿蔔 150 克，切粒

洋薏米（珍珠麥）100 克

牛肉上湯 2 公升

英式乾芥末 2 茶匙（可以不用）

鹽和胡椒適量

洋芫荽碎（巴西里碎）少許，裝飾用

作法

1 在大平底鍋中燒熱橄欖油，加入燜牛肉粒和洋蔥，炒 5 分鐘，至牛肉呈褐色、洋蔥剛變色。

2 加入蔬菜丁、洋薏米、牛肉上湯和英式乾芥末（可以不放），以鹽和胡椒調味，大火煮滾，加蓋，改小火熬 1 小時 45 分鐘，不時攪拌，至牛肉和蔬菜熟透。試味，並再按需要調味。

3 裝碗，撒上少許洋芫荽碎葉即可。搭配出爐的馬鈴薯薄餅或燕麥薄餅食用。

🥄 多一味

羊肉薏米羹
Lamb & Barley Hotchpot

以 250 克羊柳肉代替牛肉，按上述方法與洋蔥一起炒香。取 1 條韭菜的蔥白切小段，芥藍頭（瑞典蕪菁）、胡蘿蔔和馬鈴薯各 175 克，切粒，一同加入鍋中；再加入 50 克洋薏米（珍珠麥）、2 公升羊肉上湯、2-3 枝迷迭香，用少許鹽和胡椒調味。把湯煮滾，加蓋，調小火熬 1 小時 45 分鐘，取出迷迭香，加入切成段的韭菜綠葉，加煮 10 分鐘。裝碗，撒上少許迷迭香葉碎末，即可。

韭菜雞湯
Cock-a-leekie Soup

🕐 準備時間：30 分鐘
🍵 烹製時間：2 小時
👨‍👩‍👧‍👦👨‍👩‍👧

材料

葵花籽油 1 湯匙

雞腿 2 隻，約 375 克

韭菜 500 克，葱白與綠葉分開，切薄片

煙腩肉片（培根） 3 片，切粒

雞上湯 2.5 公升

去核西梅乾 75 克，切 4 份

月桂葉 1 片

百里香 1 大棵

長米 50 克

鹽和**胡椒**適量

作法

1 在大平底鍋中燒熱葵花籽油，加入雞腿，先將一面煎至金黃，翻面時加入韭菜葱白和煙肉（培根）粒一起煎，至雞腿全部色澤金黃，葱白和煙肉（培根）粒剛變色即可。

2 注入雞上湯，加入西梅乾、月桂葉和百里香，並加少許鹽和胡椒調味，待湯煮滾，加蓋，調小火熬 1.5 小時，間中攪動，至雞肉從雞骨上分離。

3 用漏勺將雞肉、月桂葉和百里香撈起裝盤。去除雞皮和雞骨，將雞肉切成小塊，放回鍋中，加入長米和韭菜綠葉片。小火煮 10 分鐘，至米粒和韭菜綠葉熟軟。

4 試味並按需要調味。裝碗，搭配硬皮麵包趁熱享用。

🥄 多一味

忌廉雞湯
Cream of Chicken Soup

按上述食譜，不要西梅乾和長米，只放 2 公升雞上湯。加入 250 克馬鈴薯粒，大火煮滾，改小火熬 1.5 小時。取出香草，用攪拌機把湯分批打至勻滑。然後拌入牛奶和濃忌廉（濃奶油）各 150 毫升，翻熱，可搭配炸麵包粒（見 P11）食用。

春蔬清湯
Spring Vegetable Broth

🕐 準備時間：15 分鐘
🕐 烹製時間：30-35 分鐘
👥👥

材料

橄欖油 2 茶匙
帶葉西芹莖 2 支，切碎
韭菜 2 條，切碎
胡蘿蔔 1 根，切粒
洋薏米（珍珠麥） 50 克
蔬菜上湯 1.2 升
英式芥末 1 茶匙
嫩荷蘭豆 125 克，斜刀切片（選用）
鹽和**胡椒**適量

作法

1 將橄欖油倒入深鍋中燒熱，加入芹菜、韭菜和胡蘿蔔，以中火炒 5 分鐘。

2 注入蔬菜上湯，加入洋薏米和英式芥末拌勻，調味，以小火煮 20-25 分鐘。喜歡的話，可加入荷蘭豆片，再慢火煮 5 分鐘。

3 盛入暖的湯碗中，趁熱飲用。

 多一味

冬蔬清湯
Winter Vegetable Broth

按上述方法烹調，韭菜減至 1 條，增加 125 克切幼粒的芥藍頭（瑞典蕪菁），慢火煮 20 分鐘後，加入 125 克切幼絲的椰菜（高麗菜）代替荷蘭豆，慢火續煮 10 分鐘，裝碗，在湯面上撒些脆煙肉（培根）碎。

葱香番茄鷹嘴豆湯
Onion, Tomato & Chickpea Soup

🕐 準備時間：15 分鐘

🕑 烹製時間：1 小時 10 分鐘

👩👩👩👩👩👩

材料

橄欖油 2 湯匙

紅洋葱 2 個，切塊

蒜頭 2 瓣，切末

紅糖 2 茶匙

番茄 625 克，剝皮（也可不剝），切塊

紅辣椒醬 2 茶匙

番茄膏 3 茶匙

鷹嘴豆 1 罐 400 克，瀝乾

蔬菜上湯或**雞上湯** 900 毫升

鹽和**胡椒**適量

作法

1 在大平底鍋中燒熱橄欖油，加入紅洋葱，以小火煎 10 分鐘，間中翻炒幾下，至邊緣呈褐色。加入蒜末和紅糖，續煮 10 分鐘，因洋葱開始變焦，要不斷翻炒。

2 加入番茄和辣椒醬翻炒 5 分鐘。再加入番茄膏、鷹嘴豆、上湯及適量的鹽和胡椒，大火煮滾，加蓋，改小火熬 45 分鐘，至番茄和紅洋葱熟軟；試味，並按需要再調味。

3 裝碗，搭配熱的番茄脆皮麵包食用。

 多一味

香辣紅洋葱豆湯
Chillied red onion & Bean Soup

按上述方法烹調，但翻炒番茄時，不要加紅辣椒醬，以 1 茶匙匈牙利紅椒粉和 1 支紅辣椒乾代替，並以等量的罐裝紅腰豆代替鷹嘴豆。搭配蒜茸包食用。

煙肉麵球蔬菜湯
Veg Soup with Bacon Dumplings

🕐 準備時間：30 分鐘

🕐 烹製時間：1 小時 15 分鐘至 1.5 小時

👤👤👤👤👤👤

材料

牛油 50 克，**洋葱** 1 個，切末

韭菜 1 條，葱白與綠葉分開，切粒

芥藍頭（瑞典蕪菁）300 克，切粒

歐洲蘿蔔 300 克，切粒

胡蘿蔔 300 克，切粒

西芹莖 2 支，切粒，**鼠尾草** 3-4 棵

雞上湯 2.5 公升，**鹽**和**胡椒**適量

煙肉餃

自發粉 100 克，**英式芥末粉** 1/2 茶匙

鼠尾草碎 2 茶匙，**蔬菜板油** 50 克

煙肉（培根）2 片，切小丁，**清水** 4 湯匙

作法

1 燒熱大平底鍋，融化牛油，加入洋葱和葱白，煎 5 分鐘至剛熟軟。加入其他蔬菜粒和鼠尾草翻炒，與牛油拌勻後加蓋燜 10 分鐘，間中翻炒幾下。注入雞上湯，加少許鹽和胡椒調味，待湯煮滾，加蓋，小火熬 45 分鐘，間中攪動幾下，至蔬菜熟軟。取出鼠尾草，按需要調味。

2 將自發麵粉、芥末粉、鼠尾草碎、蔬菜板油和煙肉（培根）放大碗內拌勻，再加鹽和胡椒。慢慢邊注入適量清水邊用木匙攪拌，然後用雙手揉捏麵糰至光滑。將搓好的麵糰切成 18 份，每份搓成小圓球。

3 將剩餘的韭菜葉加入湯中。再將小麵球加入沸湯中，重新蓋上鍋蓋，再煮 10 分鐘，至麵球浮起、鬆軟，即可裝碗食用。

🥄 **多一味**

忌廉冬蔬濃湯
Creamy Winter Vegetable Soup

不加麵球，雞湯的用量減少到 1.5 公升。小火熬 45 分鐘後，分批用攪拌機打至勻滑，倒回鍋中，加入 300 毫升牛奶拌勻，重新加熱。

裝碗，每碗湯淋上 2 湯匙濃忌廉（濃奶油），並撒上少許鼠尾碎和脆煙肉（培根）碎作裝飾。

聖誕雜菜湯
Christmas Special

🕐 準備時間：25 分鐘

⏱ 烹製時間：約 1 小時

👨‍👩‍👧‍👦👩👩👩

材料

牛油 25 克

洋葱 1 個，略切成塊

煙肉（培根） 2 片，切粒

馬鈴薯 250 克，切粒

雞上湯或**火雞上湯** 1 公升

栗子肉 100 克

肉豆蔻粉適量

椰菜仔（孢子甘藍）250 克，切片

鹽和**胡椒**適量

煙腩片（培根） 4 片，烘香，切粒，裝飾用

作法

1 在大平底鍋中燒熱橄欖油，加入洋葱，煎 5 分鐘至軟；加入煙肉（培根）和馬鈴薯粒翻炒，讓牛油裹住食材，加蓋煎 5 分鐘，至混合物剛變色即可。

2 注入上湯，加入栗子肉、豆蔻粉及適量的鹽和胡椒。大火煮滾，加蓋，改小火熬 30 分鐘。加入椰菜仔片拌勻，加蓋小火煮 5 分鐘至菜熟軟，但顏色仍為鮮綠。

3 待湯稍冷卻，撈出少許椰菜仔片備用，用攪拌機把湯分批打至勻滑，以湯中還有可見的綠色小點為準，倒回鍋中重新加熱。試味，並按需要調味。分裝到碗裡，用剩餘的椰菜仔片和脆煙肉（培根）作裝飾即可食用。

🍲 多一味

栗子蘑菇湯
Chestnut & Mushroom Soup

在炒好馬鈴薯和煙肉（培根）粒後，加入 250 克蘑菇片代替椰菜仔片，不停翻炒 2-3 分鐘。注入上湯，加入栗子肉、豆蔻粉，以鹽和胡椒調味，大火煮滾，再煮 30 分鐘。按上述步驟，以攪拌機把湯打滑，重新加熱。上桌時如上伴以忌廉（奶油）、脆煙肉（培根）粒和栗子。

摩洛哥豆羹
Harira

🕐 準備時間：25 分鐘，浸泡時間另計

🕐 烹製時間：約 3 小時

👥👥👥👥👥👥

材料

鷹嘴豆 250 克，用冷水浸過夜

雞胸肉 2 塊，對半切，**雞上湯** 1.2 公升

清水 1.2 公升，**罐裝番茄丁** 2 罐 400 克

乾燥番紅花絲 1/4 茶匙（可以不放）

洋蔥 2 個，切碎，**長米** 125 克

青扁豆 50 克，**芫荽（香菜）碎** 2 湯匙

洋芫荽（巴西里）碎 2 湯匙，**鹽**和**胡椒**適量

裝飾

原味乳酪（優格），芫荽（香菜）梗少許

作法

1 鷹嘴豆沖洗乾淨，瀝乾，放入深鍋中，注入 5 厘米深的清水，加熱煮滾。10 分鐘後，小火慢煮，煮時鍋蓋半掩，待豆子變軟，注入盡可能多的清水。再煮 1 小時 45 分鐘。把鷹嘴豆撈起瀝乾，備用。

2 將雞胸肉、上湯和清水放入另一個湯鍋。待湯煮滾，把火調小，加蓋煮 10-15 分鐘，或至雞胸肉剛熟，然後撈起，置於砧板上，去皮切絲，備用。

3 鷹嘴豆、番茄、番紅花絲、洋蔥、長米和青扁豆放到裝有雞上湯的鍋中，小火熬煮 30-35 分鐘，或至長米和青扁豆都變軟。

4 裝碗前，加入雞胸肉絲、芫荽（香菜）碎和洋芫荽（巴西里）碎，續煮 5 分鐘，但不可讓湯滾起。調味後裝碗，淋上少許原味優格及撒芫荽（香菜）梗作裝飾。

🥄 **多一味**

經濟摩洛哥豆羹
Budget Harira

去除雞胸肉和乾燥番紅花絲，另加薑黃粉和肉桂粉各 1/2 茶匙，烹調方法如上即可。

泰式南瓜香菜羹
Thai Squash & Coriander Soup

🕐 準備時間：25 分鐘

🕐 烹製時間：51 分鐘

👫👫👫

材料

葵花籽油 1 湯匙

洋蔥 1 個，切碎

泰式紅咖喱醬 3 茶匙

蒜頭 1-2 瓣，切末

生薑 1 塊長約 2.5 厘米，削皮、切末

長形南瓜（冬南瓜）1 個，約 750 克，去皮
去核，切粒

全脂椰漿 400 毫升

蔬菜上湯或**雞上湯** 750 毫升

泰式魚露 2 茶匙

胡椒適量

芫荽（香菜）1 小撮

作法

1 在大平底鍋中燒熱葵花籽油，加入洋蔥，
小火煎 5 分鐘至軟。加入泰式紅咖喱醬、
蒜末和薑末，爆炒 1 分鐘。再加入南瓜、
椰漿、上湯和魚露拌勻，加少許胡椒（不
用加鹽，因為魚露有鹹味），大火煮滾。

2 加蓋，改小火煮 45 分鐘，間中攪動，至
南瓜變軟。熄火，待湯稍冷卻，將部分
芫荽（香菜）切碎放入湯中，留幾枝作
裝飾用。然後用攪拌機把湯分批打至勻
滑，再倒回鍋中加熱，將留用的芫荽（香
菜）撕碎，撒於湯面，即可裝碗享用。

🥣 **多一味**

薑味南瓜羹
Gingered Squash Soup

按以上食譜，但不放泰式紅咖喱醬、椰
漿、魚露和芫荽（香菜）。按上述方法
煎香洋蔥，加入蒜末和薑末（將長約 3.5
厘米的薑塊削皮切碎）爆香；再加入如
上的南瓜、900 毫升上湯及少許鹽和胡
椒，大火煮滾。加蓋，改小火熬 45 分
鐘，攪拌至勻滑，再加入 300 毫升牛
奶拌勻，翻熱，即可搭配炸麵包粒（見
P11）上桌享用。

紅椒羹 & 青醬香脆條
Red Pepper Soup & Pesto Stifato

🕐 準備時間：30 分鐘

🕑 烹製時間：約 1 小時

👩👩👩👩👩

材料

紅甜椒 4 個，對切，去瓤、籽

橄欖油 3 湯匙，**洋蔥** 1 大個，略切小塊

蒜頭 2-3 瓣，切末，**罐裝番茄丁** 1 罐 400 克

蔬菜上湯或**雞上湯** 900 毫升

意式香醋 2 湯匙，**鹽**和**胡椒**適量

裝飾

橄欖油適量，**羅勒葉** 1 撮，**黑胡椒**適量

青醬香脆條

Stifato **麵包** 2 條，或**細長麵包卷** 2 個

青醬（香蒜醬）2 湯匙

帕馬森芝士 50 克，研碎

作法

1 將處理好的甜椒放入鋪有錫紙的烤盤上，
  外皮朝上，掃上 2 湯匙橄欖油，烤約 10
  分鐘，至皮變黑、甜椒熟軟。然後用錫
  紙包住甜椒，冷卻 10 分鐘。

2 同時，將剩餘的橄欖油倒入湯鍋中燒熱，
  加入洋蔥，小火煎 5 分鐘，至洋蔥熟軟並
  剛變褐色。加入蒜末，爆炒 1 分鐘，再加
  入番茄、上湯、香醋、適量的鹽和胡椒。

3 甜椒剝去烤黑的皮，切小塊。加入鍋中，
  大火煮滾，加蓋，改小火熬 30 分鐘。待
  湯稍冷卻，分批以攪拌機打至勻滑。

4 把湯倒回鍋中加熱，試味，並按需要調
  味。將麵包縱向切成長條，兩面略烤。
  塗上青醬，抹上帕馬森芝士，烤芝士至
  剛融化。湯裝碗，淋上幾滴橄欖油，撒
  上幾片羅勒葉和少許黑胡椒粉。

🥣 **多一味**

意式紅椒白豆湯
**Roasted Red Pepper & Cannellini
Bean Soup**

按上述方法烤甜椒，去皮，然後切成幼
粒，加入有洋蔥、番茄和上湯的鍋中，
不要香醋，改為加入 3 大撮番紅花和一
罐 410 克瀝乾的意大利白豆，調味後，
加蓋，小火煮 30 分鐘。不要攪至勻滑，
湯成即可搭配蒜茸包食用。

牛肉清湯米粉
Beef & Noodle Broth

準備時間：15 分鐘

烹製時間：15 分鐘

材料

牛臐肉（牛腿肉）或沙朗牛排 300 克

薑 1 塊，長約 2.5 厘米，磨泥

醬油 2 茶匙

米粉 50 克

牛肉上湯或雞上湯 600 毫升

紅辣椒 1 支，去籽，切碎

蒜頭 1 瓣，切薄片

砂糖 2 茶匙

植物油 2 茶匙

蜜糖豆（豌豆） 75 克，對半切

羅勒 1 小捆，撕碎

作法

1 切去牛排上的脂肪。薑茸與 1 茶匙醬油混合拌勻，抹於牛肉的兩面。按包裝說明的方法將米粉煮熟，撈起，以冷水沖過，備用。

2 上湯加入紅辣椒丁、蒜片和砂糖，小火煮滾。加蓋，慢火煮 5 分鐘。

3 在小厚底煎鍋中燒熱植物油，放入牛排，每面煎 2 分鐘後移至砧板上，縱對切，再橫切成薄片。

4 將米粉、蜜糖豆、羅勒葉和剩餘的醬油加入湯中，小火加熱 1 分鐘。加入牛肉拌勻即可食用。

多一味

薄荷雞肉清湯
Minted Chicken Broth

用去皮雞胸肉代替牛排，並以雞上湯代替牛肉上湯。將雞胸肉兩面各煎 5-6 分鐘，至雞胸肉熟透，其餘烹製步驟如上。湯成後撒上小撮碎薄荷葉作裝飾。

南瓜甘藍雜豆湯
Squash, Kale & Mixed Bean Soup

🕐 準備時間：15 分鐘

🕐 烹製時間：45 分鐘

👪👪👪

材料

橄欖油 1 湯匙

洋蔥 1 個，切碎

蒜頭 2 瓣，剁泥

匈牙利紅椒粉 1 茶匙

南瓜 500 克

胡蘿蔔 2 小根，切粒

番茄 500 克，去皮，切小塊

罐裝雜豆 1 罐，410 克，瀝乾

蔬菜上湯或清雞湯 900 毫升

全脂鮮忌廉（鮮奶油）150 毫升，

羽衣甘藍 100 克

鹽及**胡椒粉**適量

作法

1 南瓜切片，去籽，削皮，切粒。羽衣甘藍撕成容易食用的小塊。

2 將橄欖油倒入平底鍋中燒熱，加入洋蔥，慢火煎 5 分鐘，加入蒜茸和匈牙利紅椒粉，爆香，再加入南瓜、胡蘿蔔、番茄和瀝乾的雜豆炒勻。

3 倒入上湯，加鹽及胡椒粉調味，邊煮邊攪，煮滾後加蓋，慢火煮 25 分鐘，至所有蔬菜熟軟。

4 把鮮忌廉（鮮奶油）加入湯中拌勻，再加入羽衣甘藍，用湯勺按壓，使湯面剛浸過羽衣甘藍，加蓋煮 5 分鐘，至羽衣甘藍剛綿軟。裝入碗中，搭配熱的蒜茸包食用。

🥄 多一味

香辣南瓜雜豆乳酪湯
Cheesy Squash, Pepper & Mixed Bean Soup

按上述方法嫩煎洋蔥，加入蒜茸、匈牙利紅椒粉、南瓜、番茄和雜豆，以一個去籽、切粒的紅甜椒代替紅蘿蔔；注入上湯，加入 65 克帕馬森芝士片，調味後加蓋，改小火煮 25 分鐘。不用甘藍，只加入鮮忌廉（鮮奶油）拌勻，取出芝士片，裝碗，撒上少許新鮮帕馬森芝士粉即可。

芳香南瓜羹
Butternut Squash & Rosemary Soup

🕐 準備時間：15 分鐘

🕐 烹製時間：1 小時 15 分鐘

👨‍👩‍👧‍👦

材料

長形南瓜（冬南瓜）1 個

橄欖油 2 湯匙

迷迭香適量，部分留作裝飾用

紅扁豆 150 克，洗淨

洋蔥 1 個，切細末

蔬菜上湯 900 毫升

鹽和**胡椒**適量

作法

1 將南瓜縱向對切，用匙子挖出瓜子和瓜瓤。削皮，切小厚塊，置於烤盤上。淋上橄欖油和放上迷迭香，撒上適量的鹽和胡椒調味。放入預熱至 200℃（煤氣 6 度）的烤箱中烤 45 分鐘。

2 同時，將紅扁豆放入鍋中，加水浸沒，煮滾，續以大火煮 10 分鐘，瀝乾，然後放回洗淨的鍋中，加入洋蔥和上湯，小火煮 5 分鐘，調味。

3 將南瓜從烤箱中取出，壓成糊狀，放入湯中。小火煮 25 分鐘，裝碗。食用前撒上一些迷迭香葉即可。

🥄 **多一味**

印度香南瓜羹
Indian Spiced Butternut Squash Soup

將南瓜和紅扁豆按上述方法分別烤熟和煮軟。在平底鍋燒熱 1 湯匙葵花籽油，加入洋蔥煎 5 分鐘至軟，加入 2 茶匙微辣咖喱醬和薑末爆香。再加入瀝乾的紅扁豆和上湯，小火煮 5 分鐘。按上述步驟將南瓜壓成泥，拌入湯中，撒上碎芫荽（香菜）葉即可。

蜜烤歐洲蘿蔔湯
Honey-roasted Parship Soup

🕐 準備時間：20 分鐘
🕐 烹製時間：50-55 分鐘

👫👫👫👫👫

材料

歐洲蘿蔔 750 克，切滾刀段

洋葱 2 個，切角

橄欖油 2 湯匙，**蜂蜜** 2 湯匙

薑黃粉 1 茶匙，**乾辣椒碎** 1/2 茶匙

蒜頭 3 瓣，切厚片

蔬菜上湯或**雞上湯** 1.2 公升

雪莉酒醋或**蘋果醋** 2 湯匙

濃忌廉（濃奶油）150 毫升

薑 1 段，長約 5 厘米，去皮

鹽和**胡椒**適量，**薑黃粉**少許，裝飾用

作法

1 於大烤盤中鋪一層歐洲蘿蔔和洋葱，淋上橄欖油和蜂蜜，撒上少許薑黃粉、乾辣椒碎和蒜片。

2 放入預熱至 190℃（煤氣 5 度）的烤箱中烤 45-50 分鐘，至歐洲蘿蔔和洋葱邊緣軟黏、略為烤焦即可。

3 將烤盤移至爐架上，加入上湯、醋、適量的鹽和胡椒，煮滾，把盤底的汁攪拌均勻，慢火煮 5 分鐘。

4 待湯稍冷卻，分批以攪拌機拌至勻滑，倒入湯鍋中重新加熱。試味，並按需要調味，如有需要可加些上湯。加入濃忌廉（濃奶油）、薑茸和少許胡椒拌勻。把湯舀入碗中，撒上一些薑黃粉奶油。可依個人喜好，撒上少許薑黃粉。搭配炸麵包丁（見 P11）食用。

🥣 多一味

蜜烤番薯湯
Honey-roasted Sweet Potato Soup
以 750 克番薯代替歐洲蘿蔔，切滾刀段，在薑黃粉和辣椒粉外，再加 1 茶匙粗碾碎的孜然籽，放於烤箱中烤熟，並按上述方法完成剩餘的步驟。裝碗，在每碗中淋上少許原味優格和 1 茶匙芒果醬。

歐洲蘿蔔豆瓣湯
Split Pea & Parship Soup

🕐 準備時間：20 分鐘

🕐 烹製時間：1 小時 15 分鐘分鐘

👪👪👪👪👪

材料

黃湯豆（黃豌豆）250 克，以冷水浸一晚

歐洲蘿蔔 300 克，切大塊

洋蔥 1 個，切小塊

雞上湯或**蔬菜上湯** 1.5 公升

鹽和**胡椒**適量

芫荽（香菜）牛油

孜然籽 2 茶匙，碾成粗粉

芫荽（香菜）**籽** 1 茶匙，碾成粗粉

蒜頭 2 個，剁泥

牛油 75 克

芫荽（香菜）1 小撮

作法

1 把已浸泡的黃湯豆瀝乾，與歐洲蘿蔔、洋蔥和上湯一同放入湯鍋中，煮滾，再以大火煮 10 分鐘後把火調小，加蓋小火熬 1 小時，或至豆子熟軟。

2 同時，在小煎鍋裡乾煸孜然籽、芫荽（香菜）籽和蒜茸，至有香味，拌入牛油及芫荽（香菜）葉、少許鹽和胡椒，混合均勻。置於保鮮膜或錫箔上，捏成香腸狀，捲起冷藏，備用。

3 把湯略微搗碎或分批以攪拌機打成茸。重新加熱，加入一半的芫荽（香菜）牛油攪拌至融化。若有需要，可再加入一些上湯，調好味。舀入碗中，在每一碗湯面上放入一片芫荽（香菜）牛油。搭配烤麵包享用。

🥣 **多一味**

香辣豆瓣胡蘿蔔湯
Split Pea & Carrot Soup with Chilli Butter

以 300 克胡蘿蔔丁代替歐洲蘿蔔。按上述方法，將湯攪拌至勻滑，重新加熱。取青檸 1 個，果皮切絲、果肉榨汁；洋蔥 2 個，切碎；微辣大紅椒 1/2 個或 1 個，切小丁，調味用。將這些材料與 75 克牛油混合均勻，做成辣味牛油。

珍珠牛肉丸湯
Beef Broth with Mini Meatballs

🕐 準備時間：25 分鐘

🍳 烹製時間：約 1 小時 15 分鐘

👭👭👭

材料

牛油 25 克，洋葱 1 個，切碎

馬鈴薯 200 克，切粒，胡蘿蔔 1 個，切粒

芥藍頭（瑞典蕪菁）或歐洲蘿蔔 125 克，切粒

番茄 2 個，可去皮，切小塊

檸檬 1/2 個，切片，牛肉上湯 900 毫升

罐裝啤酒 1 罐，450 毫升

肉桂粉 1/4 茶匙，肉豆蔻粉 1/4 茶匙

椰菜（高麗菜）100 克，切細絲

鹽和胡椒適量

肉丸

瘦絞牛肉 250 克，長米 40 克

洋芫荽（巴西里）碎葉 3 湯匙

肉豆蔻粉 1/4 茶匙

作法

1 燒熱大平底鍋，融化牛油，加入洋葱，慢火煎 5 分鐘，至邊緣呈金黃色。加入蔬菜粒、番茄塊和檸檬片炒勻。

2 注入牛肉上湯和啤酒，加入香料，撒上適量的鹽和胡椒調味。大火煮滾並不停攪拌，改小火加蓋熬 45 分鐘。

3 同時，將製作肉丸的所有食材混合。平均分為 18 份，將手掌打濕，用手把材料搓成小球狀。冷卻備用。

4 把肉丸加入湯中，大火煮滾後改小火加蓋煮 10 分鐘。再加入菜絲，繼續煮 10 分鐘，至菜絲熟軟、肉丸熟透，調味供食。

🥣 多一味

板油麵球牛肉湯
Beef Broth with Suet Dumplings

用牛油炒 500 克洋葱絲，約 20 分鐘至非常爛熟，撒上 2 茶匙紅糖，翻炒 10 分鐘至紅糖變焦。不用加根菜和番茄，只加入檸檬片、上湯、啤酒和香料，小火煮 20 分鐘。將 100 克自發粉與 50 克蔬菜板油、2 湯匙洋芫荽（巴西里）碎葉及鹽和胡椒混合，加入 4 湯匙清水拌勻，再搓成小球狀。加入湯中煮 10 分鐘，即可上碗供食。

南瓜芝味湯
Cheesy Butternut Squash Soup

🕐 準備時間：25 分鐘

🕑 烹製時間：約 1 小時

👫👫👫

材料

橄欖油 2 湯匙，**洋葱** 1 個，切塊

長形南瓜（冬南瓜）1 個，750 克，先對切，去籽，削皮，再切大塊

蒜頭 1-2 瓣，切末，**新鮮鼠尾草** 2 大條

雞上湯或**蔬菜上湯** 1 公升

帕馬森芝士皮 65 克，**鹽**和**胡椒**適量

裝飾

炸油適量，**鼠尾草** 1 小束

磨碎帕馬森芝士適量

作法

1 在大平底鍋中燒熱橄欖油，加入洋葱炒 5 分鐘至熟軟、色澤金黃。加入南瓜、蒜末和鼠尾草，翻炒 5 分鐘。倒入上湯，帕馬森芝士皮、適量的鹽和胡椒。大火煮滾，加蓋，改小火熬 45 分鐘，至南瓜變軟。

2 將鼠尾草和帕馬森芝士皮撈出。待湯稍冷卻，分批用攪拌機中打至勻滑。倒回鍋中加熱。可加少量的上湯，再調味。

3 將炸油倒入小煎鍋中，燒滾（至能使隔夜餐包入油時嘶嘶作響），撕下鼠尾草葉，油炸一兩分鐘至脆嫩。用漏勺撈起葉片，置於廚紙上吸去油份。

4 把湯舀入碗中，湯面放上幾片鼠尾草脆葉，撒上少許帕馬森芝士碎，將剩餘的葉片和帕馬森芝士碎盛入小碗中，進餐時可酌量添加。

🥣 **多一味**

萬聖節南瓜羹
Halloween Pumpkin Soup

如上炒香洋葱，取 1.5 千克南瓜 1 個，切 4 等份，挖出瓜子，削皮，切塊，加入洋葱中翻炒 5 分鐘。加入孜然籽、芫荽（香菜）粉和薑粉各 1 茶匙，代替大蒜和鼠尾草，注入上湯。加蓋，小火熬 30 分鐘，把湯拌勻、重新加熱。搭配炸麵包粒食用。

啤酒牛尾棉豆湯
Beery Oxtail & Butter Bean Soup

🕐 準備時間：25 分鐘

🥄 烹製時間：4 小時 15 分鐘

👩👩👨👧👧

材料

葵花籽油 1 湯匙

牛尾 500 克，去筋

洋葱 1 個，切碎

胡蘿蔔 2 根，切粒

西芹莖 2 支，切粒

馬鈴薯 200 克，切粒

什錦香草 1 小捆，**牛肉上湯** 2 公升

烈性麥酒 450 毫升，**英式芥末** 2 茶匙

喼汁（辣醬油） 2 湯匙，**番茄膏** 1 湯匙

罐裝棉豆（皇帝豆） 1 罐 410 克，瀝乾

鹽和**胡椒**適量

洋芫荽（巴西里）碎葉適量，裝飾用

作法

1 在大平底鍋中燒熱葵花籽油，加入牛尾段，煎至一面呈褐色。翻面，加入洋葱一起煎，至牛尾全部呈褐色。再加入胡蘿蔔粒、西芹粒、番茄、馬鈴薯粒和什錦香草，炒 2-3 分鐘。

2 注入牛肉上湯和烈性麥酒，加入英式芥末、喼汁、番茄膏和棉豆，加適量的鹽和胡椒調味，大火煮滾，不停攪拌。鍋蓋半掩，以小火熬 4 個小時。

3 用漏勺將牛尾段和什錦香草撈出。扔掉什錦香草，將牛尾骨上的肉切下，除去肥肉。將肉放回鍋中加熱，試味，並酌量調味。裝碗，撒上一些洋芫荽（巴西里）碎葉，搭配硬皮麵包食用。

🥄 **多一味**

香辣牛尾紅豆湯
Chillied Oxtail & Red Bean Soup

炒蔬菜時以蒜頭 2 瓣（切末）、月桂葉 2 片，辣椒粉、孜然籽（碾碎）、芫荽（香菜）籽（碾碎）各 1 茶匙代替什錦香草。再加入牛肉上湯、番茄膏 1 湯匙和瀝乾的罐裝紅腰豆（410 克）1 罐。待大火煮滾，改小火慢煮，按上述方法完成即可。

香蒜麵包甘藍湯
Kale Soup with Garlic Croûtons

🕐 準備時間：20-25 分鐘
🕐 烹製時間：50 分鐘

👫👫👫👫👫

材料

牛油或人造牛油 50 克，**洋葱** 1 個，切碎

胡蘿蔔 2 根，切片

羽衣甘藍 500 克，去除粗梗

清水 1.2 公升，**蔬菜上湯** 600 毫升

檸檬汁 1 湯匙，**馬鈴薯** 300 克，去皮切片

肉豆蔻粉少許，**鹽**及**胡椒粉**適量

羽衣甘藍葉 2 片

炸香蒜包

方麵包（粗麵包）6-8 片，去皮

橄欖油 6-8 湯匙，**蒜頭** 3 瓣，切片

作法

1 將牛油（人造牛油）放入大深鍋燒熱，加入洋葱煎 5 分鐘至熟軟且色澤金黃。分批加入紅蘿蔔和羽衣甘藍，翻炒 2 分鐘。

2 加入清水、蔬菜上湯、檸檬汁、馬鈴薯片和豆蔻粉，加適量的鹽和胡椒粉調味。邊煮邊攪，煮滾後加蓋，慢火煮 35 分鐘，至所有蔬菜熟軟。用攪拌機把湯打至勻滑，再稍加熱；然後裝入熱湯碗裡，搭配炸香的蒜包粒和羽衣甘藍葉食用。

3 將麵包切成 1 厘米見方的小粒。熱鍋燒油，加入蒜片，以中火炸 1 分鐘，加入麵包粒，不斷翻動，炸至呈現均勻的金黃色。用漏勺將麵包粒撈出，放於廚紙上把油吸掉。取出蒜片，加入羽衣甘藍絲，炸至菜脫生。

🥄 **多一味**

香辣甘藍湯
Spiced Kale Soup

爆香洋葱後，即分批加入紅蘿蔔和羽衣甘藍炒勻，再加入 1 茶匙辣椒粉和蒜泥，炒 2 分鐘，其餘步驟同上；炸麵包時加入 1/4 茶匙乾辣椒碎，可變身成「香辣甘藍湯」。

something special
特式滋味湯

馬賽魚湯
Cheat's Bouillabaisse

🕐 準備時間：15 分鐘
🕐 烹製時間：30 分鐘

👫👫👫

材料

橄欖油 2 湯匙，**洋蔥** 1 大個，切小粒

韭菜 1 條，切薄片

番紅花絲 2 大撮，**蒜頭** 2 瓣，切末

橢圓形小番茄 [plum tomato] 500 克，剝皮，切碎

乾白葡萄酒 150 毫升

魚上湯 600 毫升

百里香 2-3 根，摘下葉片

實肉白魚（鮟鱇魚、鱈魚、牙鱈等）500 克，去皮，切方塊

冷藏什錦海鮮 400 克，解凍，用冷水沖洗，瀝乾

鹽和**胡椒**適量

法式小麵包 1/2 條，切片，烘烤

作法

1 在大平底鍋中燒熱橄欖油，加入洋蔥粒和韭菜片，慢火煎 5 分鐘，其間不斷翻炒至熟軟。同時，用 1 湯匙沸水浸泡番紅花絲。

2 加入蒜末和番茄，翻炒 2-3 分鐘，再加入浸泡過的番紅花絲、乾白葡萄酒、魚上湯、百里香、適量的鹽和胡椒炒勻。加蓋，改小火煮 10 分鐘。

3 加入魚肉，重新蓋上鍋蓋，再慢火煮 3 分鐘。加入什錦海鮮，加蓋，再慢火煮 5 分鐘，至所有的魚肉剛熟。裝入碗中，搭配塗有蛋黃醬的烤麵包食用。

🥄 多一味

自製蛋黃醬
Homemade Rouille

取烤紅甜椒 3 隻，與蒜頭 2-3 瓣、切碎的罐裝辣椒 1 茶匙、撕碎白麵包 1 片，番紅花絲 1 大撮（在 1 湯匙沸水中浸泡）和橄欖油 3 湯匙一同放入攪拌機中拌至勻滑，盛入小碗中即可。

芳香橙汁南瓜羹
Pumpkin, Orange & Star Anise Soup

🕐 準備時間：15 分鐘
🕐 烹製時間：30 分鐘

👪👪👪👪👪

材料

牛油 25 克

洋葱 1 個，切塊

南瓜 1 小個，約 1.5 千克，去籽，削皮，切粒

橙 2 小個，用刮絲器將橙皮刮絲，果肉榨汁

蔬菜上湯或**雞上湯** 1 公升

八角 3 粒或等量的碎片，另備少許八角作裝飾用

鹽和**胡椒**適量

黑胡椒碎適量，裝飾用（選用）

作法

1 燒熱大平底鍋，融化牛油，加入洋葱，翻炒 5 分鐘至軟。加入南瓜，翻炒 5 分鐘。

2 加入橙皮與橙汁、上湯和八角，再加適量鹽和胡椒調味，待大火煮滾，加蓋，改小火煮 30 分鐘，間中攪拌，至南瓜變軟。撈出八角待用。

3 待湯稍冷卻，用攪拌機拌至勻滑，倒回鍋中加熱。試味，並按需要調味。

4 把湯裝入碗中，每碗湯上放 1 粒八角，撒上一些黑胡椒碎，或一片香辣橙汁牛油（見右欄）搭配芝麻麵包食用。

🥣 **多一味**

自製香辣橙汁牛油
Homemade Spiced Orange & Chilli Butter

取 75 克牛油，加入 1 個橙的橙皮茸、1 撮去籽紅辣椒碎、少許薑黃粉和一些蒜末，攪打至均勻；放在保鮮膜上，捲成香腸狀。待冷卻後，揭去保鮮膜，切片，食用前加入湯中即可。

薑味花菜羹
Gingered Cauliflower Soup

🕐 準備時間：25 分鐘
⏱ 烹製時間：25 分鐘
👫👫👫

材料

葵花籽油 1 湯匙，**牛油** 25 克
洋葱 1 個，切塊，**牛奶** 300 毫升
椰菜花（花椰菜，切小朵）約 500 克
薑 1 大塊，約 3.5 厘米長，削皮，切末
蔬菜上湯或雞上湯 900 毫升
濃忌廉（濃奶油）150 毫升，**鹽**和**胡椒**適量

醬油漬果仁

葵花籽油 1 湯匙，**芝麻** 2 湯匙
葵花籽 2 湯匙，**南瓜子** 2 湯匙，**醬油** 1 湯匙

作法

1 在大平底鍋中燒熱葵花籽油和牛油，加入洋葱，煎 5 分鐘至軟，但色澤保持不變。加入椰菜花小朵、薑末、上湯、適量的鹽和胡椒調味後，待湯煮滾，把火調小，加蓋煮 15 分鐘，至椰菜花剛熟軟。

2 同時，準備製作醬油漬果仁：把 1 湯匙葵花籽油倒入煎鍋中燒熱，加入芝麻、葵花籽和南瓜子，翻炒 2-3 分鐘，至金黃色。加入醬油，迅速蓋上鍋蓋，至果仁停止彈跳，起鍋，備用。

3 把煮好的湯分批用攪拌機拌滑，再倒回鍋中加熱，並加入牛奶和一半的濃忌廉（濃奶油）拌勻。再煮滾，待湯剛煮滾即可，按需要調味。把湯裝入淺碗中，淋上餘下的濃忌廉（濃奶油），撒上一些醬油漬果仁。把剩餘的果仁盛入小碗中，用餐時可添加。

🍲 多一味

花菜腰果忌廉湯
Creamy Cauliflower & Cashew Soup
按上述方法，燒熱葵花籽油和牛油，加入切碎的洋葱和 50 克腰果，翻炒至洋葱熟軟、腰果略變色。加入椰菜花（花椰菜）、上湯、適量的鹽、胡椒和少許肉豆蔻粉調味。慢火煮 15 分鐘，並按上述方法拌勻，湯成後加入牛奶和濃忌廉（濃奶油），即可裝碗。另取 50 克腰果，以 15 克牛油煎至淡金黃色，再加入 1 湯匙蜂蜜煮 1-2 分鐘至金黃焦糖狀。直接將焦糖腰果撒在湯面上即可。

菠菜窩蛋魚湯
Spinach Bouillabaisse

🕐 準備時間：15 分鐘
🕐 烹製時間：30 分鐘

👨‍👩‍👧‍👦👨‍👩‍👧

材料

橄欖油 2 湯匙，**洋葱** 1 個，切幼粒

球莖茴香 1 個，切粒

馬鈴薯 400 克，切粒

蒜頭 4 瓣，切末，**番紅花** 3 大撮

蔬菜上湯或**雞上湯** 1.8 公升

乾白葡萄酒 150 毫升

菠菜嫩葉 125 克，洗淨，瀝乾

雞蛋 6 顆，**鹽**和**胡椒**適量

作法

1 在大平底鍋中燒熱橄欖油，加入洋葱煎
5 分鐘至軟。加入茴香片（留起綠葉備
用）、馬鈴薯粒和蒜末，繼續炒 5 分鐘。

2 加入番紅花、上湯和乾白葡萄酒，加適
量鹽和胡椒調味，大火煮滾。加蓋，改
小火煮 15 分鐘，或至馬鈴薯粒變軟，間
中攪拌一下。

3 加入菠菜（較大的葉片要撕碎）煮 2-3
分鐘，至菜葉變軟。試味，並按需要調
味。用漏勺將大部分蔬菜撈起，裝入幾
隻預熱過的淺碗中。向剩餘的上湯中打
入雞蛋，每顆蛋之間相隔一些距離，以
小火煮 3-4 分鐘，至蛋白剛凝固，可依
個人喜好決定是否將蛋黃煮熟。

4 用漏勺緩緩將蛋撈起，放在碗中的蔬菜
上。舀一些上湯淋在雞蛋周圍，直接撒
上留用的茴香葉和少許黑胡椒粉即可。
搭配橄欖油脆皮麵包食用。

> 🍲 **多一味**
>
> **茴香菠菜乳脂羹**
> **Creamy Spinach & Fennel Soup**
> 用 1.2 公升上湯和 150 毫升白酒按上
> 述方法煮湯，待菠菜變軟時，把湯分批
> 以攪拌機打至勻滑，重新加熱，不加雞
> 蛋，直接在湯面加鮮忌廉（鮮奶油），
> 撒上少許茴香葉或蒔蘿（小茴香）葉作
> 裝飾。

蘋果西芹濃湯
Apple & Celery Soup

🕐 準備時間：25 分鐘
⏱ 烹製時間：約 40 分鐘
👥👥👥👥👥

材料

牛油 25 克，**洋葱** 1 個，切塊

烤烘用馬鈴薯約 250 克，切粒

蘋果約 250 克，切 4 等份，去籽，削皮，切粒

芹菜 1 棵，切去底部

雞上湯或**蔬菜上湯** 750 毫升

牛奶 300 毫升，**鹽**和**胡椒**適量

史提頓芝士核桃奶油

史提頓芝士 50 克，去皮，切粒

核桃肉 25 克，剁碎，**香葱花** 2 湯匙

全脂鮮忌廉（鮮奶油）6 湯匙

作法

1 在大平底鍋中燒熱牛油，加入洋葱煎 5 分鐘至變軟。加入馬鈴薯粒和蘋果粒，小火煎 10 分鐘，間中攪拌。

2 將芹菜嫩莖連葉用清水浸着留作裝飾用。其餘西芹莖切成厚片，與大葉一同加入鍋中，大火炒 2-3 分鐘。注入上湯，加適量鹽和胡椒調味，大火煮滾。加蓋，改小火煮 15 分鐘，至芹菜熟軟、仍是淡綠色時，把湯用攪拌機打至勻滑。重新倒回鍋中，加入牛奶拌勻，重新加熱。

3 取史提頓芝士粒和核桃肉各一半、香葱花加入全脂鮮忌廉（鮮奶油）中拌勻，加適量的鹽和胡椒調味。把湯裝入淺碗中，將鮮忌廉（鮮奶油）混合物舀在碗中央。撒上餘下的芝士粒和核桃肉，添加少許胡椒。

🥄 多一味

蘋果歐洲蘿蔔湯
Apple & Parsnip Soup

在油煎蘋果粒時，以 625 克歐洲蘿蔔粒代替馬鈴薯粒和西芹。加入 1.5 茶匙碎孜然籽、1/2 茶匙薑黃粉和 900 毫升蔬菜上湯或雞上湯拌勻，並調味。大火煮滾，加蓋，改小火煮 45 分鐘。以攪拌機打至勻滑，加入牛奶重新加熱。按上述方法製作史提頓芝士和全脂鮮忌廉（鮮奶油）混合物，其中以 1/2 茶匙紅辣椒碎代替核桃碎即可。

東方青口湯
Oriental Mussel Soup

🕐 準備時間：25 分鐘

🍴 烹製時間：20-25 分鐘

👨👩👩👩

材料

葵花籽油 1 湯匙

葱 3 條，切片

紅椒 1/2 個，去瓢、去籽，切粒

蒜頭 1 瓣，切末

生薑 1 塊，長約 2.5 厘米，削皮，切末

現成的泰式紅咖喱醬 3 茶匙

全脂椰漿 400 毫升

魚上湯或蔬菜上湯 450 毫升

泰國魚露 2 茶匙

青檸 1 個，果皮磨茸

芫荽（香菜） 1 小撮

青口（貽貝） 500 克，洗淨，去除內臟

作法

1 在大平底鍋中燒熱葵花籽油，加入葱片、紅甜椒片、蒜末和薑末爆炒 2 分鐘。加入泰式紅咖喱醬，翻炒 1 分鐘後再加入全脂椰漿、上湯、魚露和青檸皮炒勻。待大火煮滾，調小火續煮 5 分鐘。

2 用剪刀將一半的芫荽（香菜）剪碎，加入湯中。再加入青口，加蓋，煮 8-10 分鐘，到青口開口。

3 用漏勺將青口撈起放在大盤中。扔掉不開口的青口，留一半開口帶殼的青口作裝飾用。其餘的去殼後放回湯中。把湯裝入碗中，湯面放上留用的帶殼青口，撒上餘下的芫荽（香菜）碎葉。搭配熱的硬皮麵包沾湯食用。

🥄 多一味

番紅花青口湯
Saffron Mussel Soup

取 3 條葱（切片）、2 瓣蒜頭（切末）、1/2-1 個微辣大紅椒（去籽、切碎，依個人口味添加）、紅甜椒和黃色或橙色甜椒（去籽、切片）各 1/2 個，一同放入裝有 1 湯匙橄欖油的鍋中煎至熟軟。再加入 3 大撮番紅花絲、150 毫升白葡萄酒和 750 毫升魚上湯或蔬菜上湯。加入適量的鹽和胡椒調味，改小火煮 5 分鐘。按上述步驟加入青口，加蓋慢火煮至開口。盛入淺碗中，撒上洋芫荽（巴西里）碎葉即可。

蟹肉濃湯
Crab Bisque

🕐 準備時間：20 分鐘
🕑 烹製時間：25 分鐘
👥👥👥👥👥

材料

牛油 25 克

洋蔥 1 個，切小塊

白蘭地酒 2 湯匙

長米 40 克

魚上湯 300 毫升

帶殼熟蟹 150 克，另 1 隻作裝飾用（選用）

鯷魚柳 2 罐，瀝乾，切碎

微辣辣椒粉 1/2 茶匙

牛奶 200 毫升

濃忌廉（濃奶油）150 毫升

鹽和**辣椒粉**適量

作法

1 在大平底鍋中燒熱牛油，加入洋蔥，小火煎 5 分鐘至熟軟。加入白蘭地酒，待酒煮滾，用一根長火柴將酒點燃，待火焰熄滅，加入長米和上湯。

2 從蟹殼中拆出蟹肉和蟹膏，放入鍋中，再加入切碎的鯷魚和辣椒粉。加少許鹽和辣椒粉調味，然後大火煮滾。加蓋，改小火煮 20 分鐘。

3 待湯稍涼，分批用攪拌機中拌至勻滑。再倒回鍋中，加入牛奶和濃忌廉（濃奶油）拌勻。重新加熱，至剛煮滾即可，調小火慢火煮，不斷攪拌至湯滾燙，再按需要調味，倒入茶杯。備用的蟹也拆肉，裝在小碗中，連湯上桌，供用餐者搭配使用，食用時撒上少許辣椒粉。

🥄 **多一味**

蟹肉三文魚周打湯
Crab & Salmon Chowder

如上述方法以牛油煎洋蔥，加入 200 克馬鈴薯粒，煎 5 分鐘。加入 2 湯匙白蘭地酒並按上述方法點燃。加入 600 毫升魚上湯，及與上述食譜中份量相約的蟹肉蟹膏、鯷魚和辣椒粉。加蓋，以慢火煮 15 分鐘。再加入 300 克三文魚片（切 2 塊厚片），加蓋，慢火煮 10 分鐘、將三文魚撈起，去皮、撕碎、去骨，重新放回湯中，再加入 200 毫升牛奶和 150 毫升濃忌廉（濃奶油）拌勻。重新加熱即可裝碗食用。

黑鱈魚菠菜湯
Spinach Soup with Haddock

🕐 準備時間：30 分鐘
🕐 烹製時間：約 1 小時
👥👥👥👥👥

材料

牛油 25 克，**洋葱** 1 個，切塊
肉豆蔻粉 1/4 茶匙
烤烘用馬鈴薯 1 個，約 250 克，切粒
蔬菜上湯或**雞上湯** 1 公升
菠菜葉 225 克，洗淨瀝乾，**牛奶** 300 毫升
煙黑線鱈 400 克，**鵪鶉蛋** 9 顆，**蛋黃** 2 個
濃忌廉（濃奶油）150 毫升，**鹽**和**胡椒**適量

作法

1 在大平底鍋中燒熱牛油，加入洋葱，小火煎 5 分鐘至熟軟。加入馬鈴薯粒，加蓋燜 10 分鐘，間中攪拌。加入上湯、肉豆蔻粉、適量的鹽和胡椒，大火煮滾。加蓋，改小火煮 20 分鐘，至馬鈴薯粒變軟。留一些菠菜嫩葉備用，其餘的放入鍋中。加蓋，繼續煮 5 分鐘，至菠菜剛綿軟。

2 把湯分批用攪拌機打至勻滑，再倒回鍋中，加入牛奶拌勻，放一邊備用。把黑線鱈切成兩段，放入蒸鍋中蒸 8-10 分鐘，至用餐刀按壓時魚肉易剝落。另取小平底鍋，注入冷水，放入鵪鶉蛋，大火煮滾，燉 2-3 分鐘，撈起瀝乾，用涼水沖洗，剝去蛋殼。

3 將 2 個蛋黃與濃忌廉（濃奶油）拌勻後倒入湯中，持續攪拌，加熱至剛沸騰即可。試味，並按需要調味。剝下煙黑線鱈魚肉，去皮去骨，取 6 隻淺碗，每碗放一小堆魚肉，再放上對切的鵪鶉蛋。把湯淋在魚和蛋周圍，撒上一些菠菜嫩葉和少許胡椒即可。

🥄 **多一味**

蕁麻乳脂羹
Cream of Nettle Soup

烹製方法如上，以 200 克嫩蕁麻葉代替菠菜葉即可（注：摘蕁麻時戴上橡膠手套以防刺手，並用冷水沖洗乾淨），將湯以攪拌機拌勻，按上述步驟加入牛奶、蛋黃和濃忌廉（濃奶油）即可。湯面撒上煙火腿粒作裝飾。

薄荷胡蘿蔔羹
Smooth Carrot Soup with Mint Oil

🕑 準備時間：20 分鐘

🍳 烹製時間：1 小時 -1 小時 15 分

👫👫👫👫👫

材料

橄欖油 2 湯匙

洋葱 1 個，切塊

胡蘿蔔 750 克，切粒

長米 40 克

蔬菜上湯或**雞上湯** 1 公升

牛奶 300 毫升

薄荷油

新鮮薄荷 15 克

砂糖 1/4 茶匙

橄欖油 3 湯匙

鹽和**胡椒**適量

作法

1 在大平底鍋中燒熱橄欖油，加入洋葱煎 5 分鐘至剛熟軟、邊緣呈金黃色。加入胡蘿蔔翻炒 5 分鐘。再加入長米、上湯和少許鹽和胡椒炒勻。大火煮滾後加蓋，改小火熬 45 分鐘，不時攪拌，至胡蘿蔔變軟。

2 同時，製作薄荷油：撕下薄荷葉，與砂糖和少許胡椒一同放入攪拌機中，並緩緩加入橄欖油拌勻。裝入小碗中，使用前再攪勻。

3 將攪拌機洗淨，分批倒入湯羹拌至勻滑，再倒回鍋中，加牛奶拌勻。重新加熱，試味並按需要調味。將湯裝入碗中，淋上少許薄荷油，可依個人喜好，另加一些薄荷葉。搭配胡瓜鬆餅（見右欄）食用。

🥄 多一味

胡瓜鬆餅
Courgette Muffins

取 300 克自發粉放於小碗中，加入 3 茶匙泡打粉、75 克新鮮帕馬森芝士粉、200 克翠玉瓜粗粒、150 毫升低脂原味優格、3 湯匙橄欖油、3 顆雞蛋和 3 湯匙牛奶。用餐叉拌勻，分放在有 12 個杯（內襯紙筒）的鬆餅烤模中。放入預熱至 200℃（400℉／煤氣 6 度）的烤箱中烤 18-20 分鐘，至鬆餅膨脹、色澤金黃即可。

蛤蜊馬鈴薯白豆湯
Clam, Potato & Bean Soup

🕐 準備時間：30 分鐘

🕐 烹製時間：45 分鐘

👥👥👥👥👥👥

材料

橄欖油 2 湯匙

未經燻製的鹹肉片 125 克，切粒

洋蔥 1 個，切小塊，**馬鈴薯** 375 克，切粒

韭菜 1 條，切片，**蒜頭** 2 瓣，拍碎

迷迭香碎 1 湯匙，**月桂葉** 2 片

意大利白豆 1 罐 400 克，瀝乾

蔬菜上湯 900 毫升

小蛤蜊或**青口**（貽貝）1 千克，洗淨

鹽和**胡椒**適量

蒜片洋芫荽（巴西里）油

初榨橄欖油 150 毫升，**蒜頭** 2 大瓣，切片

鹽 1/4 茶匙，**洋芫荽（巴西里）碎** 1 湯匙

作法

1 將橄欖油倒入深鍋中燒熱，放入鹹肉粒爆炒 5 分鐘至金黃色。用鍋鏟取出，放在一旁備用。將洋蔥碎、馬鈴薯粒、大蒜、迷迭香葉和月桂葉入鍋，小火翻炒 10 分鐘至金黃色。加入意大利白豆和蔬菜上湯，待大火煮滾，改小火煮 20 分鐘，至蔬菜熟軟。

2 同時，製作蒜片洋芫荽（巴西里）油：將橄欖油、蒜片和鹽放入小平底鍋中燒熱，小火燜 3 分鐘。待冷卻，加入洋芫荽（巴西里）碎葉拌勻，擱一邊備用。

3 將一半的湯以攪拌機攪拌至勻滑，然後倒回鍋中，加適量鹽和胡椒調味。加入蛤蜊或青口和鹹肉粒。以小火煮至貝殼開口，約 5 分鐘（扔掉沒有開口的蛤蜊或青口）。把湯裝入碗中，淋上蒜片洋芫荽（巴西里）油，搭配硬皮麵包食用。

🥄 **多一味**

蛤蜊番茄白豆湯
Clam, Tomato & Bean Soup

以 125 克辣香腸粒代替鹹肉片，入鍋以油煎，起鍋瀝油備用。將洋蔥、馬鈴薯、韭菜、大蒜和香草翻炒，再加 4 個大番茄（去皮，切粒）、白豆和上湯。小火煮 20 分鐘，取一半的湯攪拌至勻滑，加入貝類和煎辣香腸粒，淋上蒜片洋芫荽（巴西里）油即可。

酥皮龍蒿雞湯
Chicken & Tarragon with Puff Pastry

🕐 準備時間：40 分鐘

🕐 烹製時間：約 1 小時 45 分鐘

👫👫👫

材料

雞腿 6 隻

胡蘿蔔 1 根，切片

西芹莖 2 根，切片

韭菜 200 克，切薄片，白莖和綠葉分開

雞上湯 900 毫升

白葡萄酒 200 毫升

牛油 50 克

麵粉 25 克

橙 1/2 個，果皮磨茸

第戎芥末 2 茶匙

龍蒿（茵陳蒿）**碎** 1 湯匙

現成酥皮 425 克，解凍

雞蛋 1 顆，打勻

鹽和**胡椒**適量

作法

1 將雞腿、切片的胡蘿蔔、西芹莖和韭菜白、雞上湯、白酒、適量的鹽和胡椒放入湯鍋中，拌勻。湯煮滾後加蓋，小火熬 1 小時，至雞肉熟透。

2 將雞上湯過濾到量杯中，瀝乾雞肉和蔬菜，把雞肉移至砧板上，切成小片，去皮、骨和蔬菜。若上湯分量多於 900 毫升，則倒回鍋中，以大火滾開至湯水減小。

3 另取一個較小平底鍋，放入牛油加熱至融化，加入韭菜綠葉片，煎 2-3 分鐘至熟軟。加入中筋麵粉，略炒片刻，緩緩注入濾過的雞上湯，大火煮滾並不斷攪拌，至湯汁略黏稠。加入橙皮、第戎芥末和龍蒿碎拌勻。試味，並按需要調味。把雞肉粒分放入 6 個容量為 300 毫升的耐熱碗中，注入上湯後占碗容積的四分三（若湯太多，烘焙時會溢出）。

4 把酥皮鋪開，切 6 個圓圈，面積比碗口稍大，並利用剩餘的麵糰製成 6 根寬約 1 厘米的長條。在碗口掃上少許雞蛋後交叉地貼上麵糰長條，掃上蛋漿，然後把麵糰蓋貼好。用小刀在麵糰邊緣上壓出褶子，在蓋上劃下輕微的刀痕。刷上雞蛋，撒上少許鹽，放入預熱至 200°C（400°F／煤氣 6 度）的烤箱中，烤 20-25 分鐘至麵糰色澤金黃、湯汁沸騰。把碗置於小碟子上，即可上桌。

野味紅酒豆湯
Venison, Red Wine & Lentil Soup

🕐 準備時間：20 分鐘

🕐 烹製時間：約 1 小時 30 分鐘

👤👤👤👤👤👤

材料

野味肉腸 6 條，**橄欖油** 1 湯匙

洋蔥 1 個，切碎

蒜頭 2 瓣，剁末

馬鈴薯 200 克，切粒

胡蘿蔔 1 根，切粒

番茄 4 個，可去皮，切碎

綠湯豆（綠扁豆）125 克

紅葡萄酒 300 毫升

牛肉上湯或**野雞上湯** 1.5 公升

小紅莓醬 2 湯匙，**番茄膏** 1 湯匙

什錦香料粉 1 茶匙，**百里香嫩枝**適量

月桂葉 2 片，**鹽**和**胡椒**適量

作法

1 將野味肉腸烤至褐色、剛熟即可。同時，在大平底鍋中燒熱橄欖油，加入洋蔥煎 5 分鐘，至熟軟並呈褐色。加入蒜頭碎、馬鈴薯粒和胡蘿蔔粒，略炒片刻，再放入番茄和綠扁豆。

2 倒入紅葡萄酒和上湯，加入小紅莓醬、番茄膏、什錦香料粉和百里香，用鹽和胡椒調好味。然後把野味肉腸切片加入鍋中。大火煮滾，不斷攪拌，然後加蓋，以小火煮 25 分鐘。試味，並按需要調味。

3 把湯裝入碗中，搭配沾有蒜茸、撒有洋芫荽（巴西里）的法國麵包（見 P11）食用。

🥣 **多一味**

野味培根黑布丁
Pheasant, Bacon & Black Pudding Soup

煎洋蔥時，不放野味臘腸，放入 150 克煙腩肉（培根）肉粒。再加入 125 克黑布丁切塊、烤野雞剩餘的肉粒及馬鈴薯粒、胡蘿蔔、番茄和綠扁豆。餘下步驟如上，以野雞上湯代替牛肉上湯即可。

馬德拉蘑菇湯
Mushroom & Madeira Soup

🕐 準備時間：30 分鐘

⏱ 烹製時間：40 分鐘

👥👥👥👥👥

材料

牛油 50 克，橄欖油 1 湯匙

洋葱 1 個，切小塊

白菌 [cup mushroom] 400 克，切片

平菇 [flat mushroom] 2 大個，切片

蒜頭 2 瓣，切末，長米 40 克

馬德拉酒或微甜雪莉酒 125 毫升

雞上湯或蔬菜上湯 900 毫升

百里香葉 2 枝，牛奶 450 毫升

濃忌廉（濃奶油）150 毫升，**鹽**和**胡椒**適量

裝飾

牛油 25 克，雜菇 250 克，百里香葉少許

作法

1 將牛油和橄欖油放入深鍋中燒熱，加入洋葱，小火煎 5 分鐘，至邊緣呈金黃色。再加入菇片和蒜末，大火爆炒 2-3 分鐘至金黃色。加入馬德拉酒、上湯、長米、百里香葉拌勻，加適量鹽和胡椒調味，大火煮滾。加蓋，改小火熬 30 分鐘。

2 待湯稍冷卻後扔掉百里香葉，倒入攪拌機中攪拌至勻滑。再倒回鍋中，加入牛奶和濃忌廉（濃奶油）拌勻，重新加熱，不要煮滾。

3 做裝飾：將餘下的牛油倒入煎鍋中燒熱，加入切碎的雜菇煎 2 分鐘至金黃色。把湯裝入淺碗中，並把煎香的雜菇輕放於碗中間，撒上少許百里香葉，搭配小核桃士干（見右欄）食用。

🥄 **多一味**

小核桃士干（司康）
Baby Walnut Scones

把 50 克牛油摻進自發麵粉中。調味，並加入粗略切碎的核桃、2 茶匙百里香葉和 75 克成熟切達芝士拌勻。再加入 1/2 個打散的雞蛋和 8-10 湯匙牛奶拌勻，和成麵糰，輕輕揉捏，鋪成約 2.5 厘米的厚度，再捏成長 5 厘米長的圓圈，置於塗油的烤盤上，刷上剩餘的雞蛋，放入預熱至 200°C（400°F／煤氣 6 度）的烤箱裡，烘烤 10-12 分鐘即可。趁熱食用。

松露栗子湯
Chestnut Soup with Truffle Oil

🕐 準備時間：30 分鐘
🕐 烹製時間：1 小時 15 分鐘
👥👥👥👥👥

材料

新鮮栗子 500 克，**牛油** 50 克

洋蔥 1 個，切幼粒

煙肉（培根）10 片

馬鈴薯 200 克，切粒

白蘭地 4 湯匙

野雞上湯或牛肉上湯 900 毫升

新鮮百里香枝適量，**肉桂粉** 1 大撮

肉豆蔻粉 1 大撮，**鹽和胡椒**適量

松露油少許，佐餐用（選用）

作法

1. 將栗子剝殼，放入盛有熱水的鍋中煮 15 分鐘。待水稍涼，趁熱剝去栗子皮，切成小塊。

2. 把牛油放入鍋中加熱，放入洋蔥碎，小火煎 5 分鐘，至邊緣呈金黃。將 4 片煙肉（培根）切粒，與馬鈴薯、栗子一起入鍋，輕煎 5 分鐘，不時翻炒幾下。倒入白蘭地，待沸騰時，用細長火柴點燃，待火熄滅，倒入上湯，加入百里香枝、香料、調味料，加熱煮滾，蓋上鍋蓋，小火熬 45 分鐘。

3. 取出百里香枝，把一半湯倒入攪拌機攪拌至勻滑，再倒回鍋中加熱，試味，並按需要調味。將餘下的煙肉（培根）卷在串肉籤上烤脆。把湯裝入杯中，放上煙肉（培根）串，湯面上加幾滴松露油；並可依個人喜好，滴上少許白蘭地。

🍲 多一味

核桃西芹湯
Walnut & Celeriac Soup

按上述方法用牛油煎洋蔥，加入 4 塊切粒的煙肉（培根），以 375 克西芹莖粒代替馬鈴薯，以及 200 克核桃肉，小火煎 5 分鐘。不用白蘭地，加入上湯、百里香枝和香料拌勻，小火熬 45 分鐘。用攪拌機打成糊狀，可按需要添加少量上湯。重新加熱，搭配炸麵包粒（見 P11）食用。

芹菜甜玉米羹
Sweetcorn & Celery Soup

🕐 準備時間：25 分鐘
🍳 烹製時間：30 分鐘

👩👩👩👩👩

材料

牛油 50 克

洋蔥 1 個，切碎

玉米 4 條，去葉，取出玉米粒

西芹莖 3 根，切片

蒜頭 2 瓣，切末

雞上湯或**蔬菜上湯** 1 公升

月桂葉 2 片

鹽和**辣椒粉**適量

作法

1 在大平底鍋中燒熱牛油，加入洋蔥碎，小火煎 5 分鐘，至邊緣呈金黃色。再加玉米粒、芹菜和蒜末，翻炒 5 分鐘。

2 加入上湯、月桂葉、適量的鹽和胡椒，大火煮滾。加蓋，改小火煮 20 分鐘。

3 取出月桂葉，待湯稍冷卻，用攪拌機打至勻滑。再倒回鍋內，重新加熱。試味並按需要調味。裝入碗中，加上幾湯匙香辣番茄醬（見右欄）。

🥄 多一味

香辣番茄醬
Chilli & Tomato Chutney

在小鍋中燒熱 1 湯匙葵花籽油，加入 1/2 個紫洋蔥（切碎）、1 個紅甜椒（去瓢、去籽、切片）和 1-2 個微辣紅辣椒（去瓢、去籽、切碎），小火煎 5 分鐘至熟軟。加入 4 個番茄切成的碎粒（可去皮）、4 湯匙砂糖、2 湯匙紅酒醋、少許鹽和胡椒炒勻，小火煮 15 分鐘，不時地攪動，至湯汁濃稠即可。

扁豆鹹肉扇貝湯
Lentil, Pancetta & Scallop Soup

🕐 準備時間：15 分鐘
🕐 烹製時間：約 40 分鐘
👥👥

材料

法國綠扁豆 [Puy Lentils] 50 克
橄欖油 1 湯匙，**韭菜** 1 小條，切粒
意大利鹹肉 [Pancetta] 粒 75 克
蒜頭 1 瓣，切末，**魚上湯** 600 毫升
綠茴香酒 [Pernod] 4 湯匙
檸檬皮碎 1/2 個，**洋芫荽**（巴西里）1 小撮
濃忌廉（濃奶油）150 毫升，**牛油** 25 克
袋裝冷藏小扇貝 1 袋 250 克，解凍
鹽和**胡椒**適量

作法

1 將清水注入湯鍋煮滾，加入法國綠扁豆，小火煮 20 分鐘，至扁豆熟軟。倒入篩子中瀝乾水分，洗淨，重新瀝乾水，擱一邊備用。把鍋洗淨擦乾。

2 向洗淨的鍋中倒人橄欖油燒熱，加韭菜粒、鹹肉粒和蒜末煎 5 分鐘，不斷爆炒，至鹹肉呈金黃色。倒入綠茴香酒，待沸騰時，用細長蠟燭點燃，待火焰熄滅，注入上湯。加入檸檬皮碎及少許鹽和胡椒，大火煮滾，不加蓋，改小火煮 10 分鐘。加入煮熟的法國綠扁豆、濃忌廉（濃奶油）和洋芫荽（巴西里）拌匀，試味，並按需要調味。

3 將牛油倒入煎鍋中燒熱，倒入扇貝（洗淨，瀝乾）炒 3-4 分鐘，至色澤金黃、熟透時關火。

4 把湯裝入淺碗中，把扇貝堆放於碗中央即可。

🥄 **多一味**

意大利鹹肉貽貝乳脂羹
Creamy Pancetta & Mussel Soup

烹製方法同上。待上湯煮過 10 分鐘，加入 500 克擦淨、去腮、沒開口的青口（貽貝）。蓋好，小火煮 8-10 分鐘，至青口開口。扔掉沒有開口的貽貝，把湯裝入碗中。將奶油和洋芫荽（巴西里）葉加入湯中拌匀，再放上青口即可。

五香鴨湯
Five-spice Duck Soup & Pak Choi

🕐 準備時間：15 分鐘
🍳 烹製時間：20 分鐘

👭👭

材料

鴨上湯 1.2 公升

橙 1 個，皮磨茸，果肉榨汁

微甜雪莉酒 4 湯匙

五香粉 1/4 茶匙

生薑 1 塊，長約 5 厘米，切薄片

醬油 1 湯匙

中國酸梅醬 2 湯匙

剩餘的熟鴨肉 125-175 克，煲湯後從骨架取出

蔥 1/2 捆，切薄片

白菜 2 棵，切塊

鹽和**胡椒**適量（選用）

作法

1 將鴨上湯、橙皮、橙汁、微甜雪莉酒、五香粉、薑片、醬油和甜麵醬加入湯鍋並拌勻，大火煮滾，不停地攪拌。加蓋，改小火煮 15 分鐘。

2 加入鴨肉、蔥和小白菜，慢火煮 5 分鐘。試味，可添加少許鹽和胡椒調味，然後起鍋盛入碗中。

🍲 **多一味**

香草鴨湯麵
Herbed Duck Broth with Noodles

將 50 克幼雞蛋麵放入開水中浸泡 5 分鐘。按上述方法加熱 1.2 公升鴨上湯，以 1/2 個檸檬的果皮和果汁代替橙皮和橙汁，不用微甜雪莉酒和五香粉，加入薑片和醬油，如上加蓋慢火煮 5 分鐘。加入新鮮的芫荽（香菜）碎葉和薄荷碎葉各 3 湯匙，再加入剩餘的熟鴨肉絲、適量的鹽和胡椒，慢火煮 5 分鐘。將麵條分碗盛放，淋上肉湯即可。

三文魚龍蒿沙巴翁
Salmon & Tarragon Sabayon

🕐 準備時間：10 分鐘
🕐 烹製時間：15 分鐘

👨👨👨👨👨👩

材料

三文魚（鮭魚）400 克，切成 2 段

干威末酒 [Noilly Prat] 4 湯匙

蔥 4 條，切蔥花，蔥白和蔥葉分開

檸檬皮碎 1 個，魚上湯 600 毫升

蛋黃 4 個，新鮮龍蒿（剁碎）1 湯匙

第戎芥末 1 茶匙

牛油 25 克，室溫

濃忌廉（濃奶油）150 毫升

鹽和胡椒適量

龍蒿小枝適量，裝飾用（選用）

作法

1 將三文魚、干威末酒、蔥白片、檸檬果皮和魚上湯放入湯鍋。添加適量鹽和胡椒調味，大火煮滾。加蓋，改小火煮 10 分鐘，至魚肉煮熟，即用刀按壓時魚肉易剝落。將魚塊從湯中撈起，撕成小片，注意除去魚骨。蓋上箔紙保溫。

2 將蛋黃、碎葉龍蒿、第戎芥末和牛油放碗內拌勻。上湯過濾後緩緩注入蛋黃混合物中拌勻。然後倒入鍋中，加濃忌廉（濃奶油）和蔥綠葉片，調小火，不斷攪動 4-5 分鐘，至混合物起泡、略微黏稠。注意不要過度加熱，否則蛋花會凝固。試味，並按需要調味。

3 將三文魚片分別放入 6 隻淺碗中，淋上滾熱、起泡的湯，可依個人喜好撒上龍蒿。搭配法式多士（見右欄）食用。

> 🥄 多一味
>
> **法式多士（吐司）**
> **Melba Toast**
>
> 將 4 片麵包的兩面略烤，切去硬皮部分，再橫刀切成 8 塊薄片，繼續切成三角狀，置於烤盤上，將未烤一面朝上，烤至麵包角卷起即可。

蔬菜餛飩湯
Vegetable Broth with Wontons

🕐 準備時間：40 分鐘，另加醃製時間

🥄 烹製時間：5 分鐘

👨‍👩‍👧‍👦

材料

餛飩

絞豬肉 125 克，**玉米粉** 1/2 茶匙

芝麻油 1 茶匙，**醬油** 2 湯匙

雞上湯 1.2 公升，**蘆筍** 1 捆

蒜頭 1 小瓣，切末

罐裝蟹肉 1 罐 43 克

雞蛋 1 顆，蛋黃和蛋白分開

餛飩皮 9 厘米正方形 18 塊

湯

雞上湯 1.2 公升

蘆筍 1 紮，削去硬皮，切段

荷蘭豆 75 克，切片

蔥 4 條，切粒，**魚露** 4 茶匙

乾雪莉酒 4 湯匙

芫荽（香菜） 1 小撮，三分之二切碎，餘下
枝葉作裝飾用

作法

1 將製作餛飩的所有食材（除蛋白和餛飩
皮外）拌勻，放在冰箱 30 分鐘待醃料入
味。每片餛飩皮上放 1 匙肉餡，在皮的
邊緣掃上少量蛋白，然後把雲吞對摺，
包住肉餡，扭成小包狀。

2 將所有的湯料放入大湯鍋，大火煮滾，加
入餛飩，改小火煮 5 分鐘，至雲吞熟透浮
起。分裝到小碗中，放上芫荽（香菜）葉
作裝飾。

🥄 多一味

香辣鮪魚蔬菜湯
Vegetable Broth with Chillied Tuna

以上述方法煮湯，不需加餛飩。混合
芝麻油 1 茶匙、葵花籽油 1 茶匙、1 個
去籽、切碎的紅辣椒和蒜泥，抹在 200
克的厚片魚排上，燒熱煎鍋，把魚兩面
各煎 1 分半鐘，至底面均呈金黃色而中
間仍是粉紅色。取出切薄片，分別放入
湯碗中。在魚周圍淋上湯水，立即上桌
享用，以免熱湯將魚肉燙得過熟。

茴香西班牙香腸馬鈴薯湯
Chorizo, Fennel & Potato Soup

🕐 準備時間：15 分鐘
🕐 烹製時間：30 分鐘
👩👩👩👩👩👩👩👩

材料

橄欖油 3 湯匙

洋葱 1 個，切碎

球莖茴香 400 克，切碎

西班牙香腸 [Chorizo] 150 克，切片

馬鈴薯 500 克，切小粒

雞上湯或**火腿上湯** 1 公升

芫荽（香菜）末 3 湯匙

鮮忌廉（鮮奶油） 3 湯匙

鹽和**胡椒**適量

作法

1 在大平底鍋中燒熱橄欖油，加入洋葱和球莖茴香，以小火煎 10 分鐘左右，至全部熟透並呈褐色。加入辣香腸、馬鈴薯粒和上湯，大火煮滾。調小火，加蓋慢火煮 20 分鐘，至馬鈴薯粒變軟。

2 把湯用攪拌機攪拌至非常幼滑。加入芫荽（香菜）碎葉和鮮忌廉（鮮奶油）拌勻，以小火充分加熱幾分鐘。再加適量鹽和胡椒調味，取預熱過的小餐杯盛載上桌。

🍵 多一味

芹香辣腸馬鈴薯羹
Chorizo, Celery & Potato Soup

按上述方法煎洋葱，以 400 克西芹碎代替球莖茴香。餘下步驟與上述相同，但不需攪拌湯羹，放入芫荽（香菜）碎和鮮忌廉（鮮奶油）拌勻後即可食用。

healthy soups

健康有營湯

意大利香蒜檸檬湯
Pesto & Lemon Soup

🕐 準備時間：10 分鐘
🕑 烹製時間：25 分鐘
👫👫👫👫

材料

橄欖油 1 湯匙

洋葱 1 個，切幼粒

蒜頭 2 瓣，切末

番茄 2 個，去皮，切小塊

蔬菜上湯 1.2 公升

香蒜醬 3 茶匙，另留少許上桌時用

檸檬 1 個，果皮磨泥，果肉榨汁

西蘭花（青花椰菜）100 克，切成小朵，菜梗切片

翠玉瓜 150 克，切粒

冷藏青豆 100 克，**小型意大利麵** 65 克

菠菜 50 克，切絲

鹽和**胡椒**適量

新鮮羅勒葉適量，裝飾用（選用）

作法

1 在大平底鍋中燒熱橄欖油，加入洋葱，小火煎 5 分鐘，不時翻炒至熟。加入蒜末、番茄、蔬菜上湯、香蒜醬、檸檬果皮及少許鹽和胡椒攪勻，小火煮 10 分鐘。

2 加入西蘭花、翠玉瓜粒、青豆和花邊通粉（花邊意大利麵），小火煮 6 分鐘。然後加入菠菜絲和檸檬汁，加煮 2 分鐘，至菠菜絲變軟、意大利麵熟軟。

3 裝入碗中，舀上備用的香蒜醬，撒上幾片羅勒葉。搭配出爐的橄欖或乾番茄麵包，或辣腸麵包或帕馬森芝士薄片（見右欄）食用。

🥄 多一味

自製帕馬森芝士薄片
Homemade Parmesan Thins

在烤盤底部鋪上烘焙紙，將 100 克帕馬森芝士粉分成 18 小堆，間隔均勻。放入預熱至 190°C（375°F ／煤氣 5 度）的烤箱中，烤約 5 分鐘，或至帕馬森芝士融化、略顯金黃色即可。待薄片冷卻、定型，剝去烘焙紙，蘸湯食用。

美式海鮮甘寶
Seafood Gumbo

準備時間：20 分鐘
烹製時間：30 分鐘

材料

葵花籽油 1 湯匙，**洋葱** 1 個，切幼粒

胡蘿蔔 1 根，切粒，**西芹莖** 1 支，切粒

紅甜椒 1/2 個，去蒂、籽，切粒

番茄 425 克，去皮，切塊

百里香 1 大枝，**辣椒碎** 1/4 茶匙

番茄膏 2 茶匙

蔬菜上湯或**魚上湯** 1 公升

長米 40 克

冷藏什錦海鮮 400 克，解凍，用冷水洗淨，瀝乾

罐裝蟹肉 1 罐 43 克

秋葵 75 克，去蒂，切片

鹽和**胡椒**適量

百里香葉備少許裝飾用（選用）

作法

1 在深湯鍋中燒熱葵花籽油，加入洋葱，小火煎 5 分鐘至熟軟、略顯褐色。加入胡蘿蔔粒、芹菜粒和紅甜椒，繼續翻炒幾分鐘。再加入番茄、百里香枝、辣椒碎和番茄膏，注入上湯。加入長米，放入適量的鹽和胡椒調味，大火煮滾。

2 蓋上鍋蓋，小火煮 20 分鐘，間中攪拌。將過大的青口（貽貝）對切，與其餘的海鮮和罐裝蟹肉及秋葵一起加入湯拌勻，然後試味，並按需要調味。煮滾後，裝入碗中，可依個人喜好，撒上幾片百里香葉。搭配硬皮麵包食用。

🍵 多一味

雞肉火腿羹
Chicken & Ham Gumbo

取雞大腿 6 隻，去皮、去骨、切粒，與洋葱一起放入鍋煎。繼續上述步驟，以火腿粒 50 克和青菜豆 75 克切片代替海鮮和蟹肉及秋葵；按上述方法完成即可。

夏日蔬菜羹
Summer Vegetable Soup

🕐 準備時間：15 分鐘

🕐 烹製時間：約 25 分鐘

👪

材料

橄欖油 1 茶匙

韭菜 1 條，切薄片

馬鈴薯 1 大個，削皮、切粒

夏日蔬菜什錦 450 克，可用豌豆、蘆筍、
蠶豆和翠玉瓜等

薄荷葉 2 湯匙

蔬菜上湯 900 毫升

低脂鮮忌廉（鮮奶油） 2 湯匙

鹽和胡椒適量

作法

1 在中型湯鍋中燒熱橄欖油，放入韭菜，
煎 3-4 分鐘至熟軟。

2 加入馬鈴薯粒和蔬菜上湯，煮 10 分鐘。
再加入其餘所有的蔬菜和薄荷，大火煮
滾。將火調小，慢火煮 10 分鐘。

3 把湯以攪拌機拌至勻滑，再倒回鍋中，
加入低脂鮮忌廉（鮮奶油）拌勻，添加
適量鹽和胡椒調味。小火充分加熱，即
可裝碗食用。

🥄 多一味

香草夏蔬湯
**Chunky Summer Vegetable Soup
with Mixed Herb Gremolata**

烹製方法同上，但無需攪拌。把湯裝入
碗中，淋上 2 湯匙低脂鮮忌廉（鮮奶
油），加入調味料（由 2 湯匙羅勒葉碎、
2 湯匙洋芫荽（巴西里）葉碎、1 個檸
檬的果皮和 1 小個蒜頭切成的蒜末均勻
混合而成）即可。

咖喱蔬菜羹
Cheat's Curried Vegetable Soup

🕐 準備時間：25 分鐘
🕐 烹製時間：40 分鐘
👥👥👥👥👥

材料

葵花籽油 2 湯匙，洋蔥 1 個，切碎
蒜頭 2 瓣，切末，**現成的微辣咖喱醬** 4 茶匙
生薑 1 塊，長約 2.5 厘米，削皮、切末
烤烘用馬鈴薯 2 小個，切粒
胡蘿蔔 2 根，切粒，**紅扁豆** 75 克
椰菜花（花椰菜） 1 小棵，去心，切小朵
蔬菜上湯或**雞上湯** 1.5 公升
罐裝番茄粒 1 罐，400 克
菠菜葉 200 克，洗淨，略撕碎

優格沙拉醬

低脂原味優格 150 克，**印度芒果醬** 4 茶匙
芫荽（香菜）碎葉 4 湯匙

作法

1. 大深鍋中燒熱葵花籽油，加入洋蔥煎 5 分鐘，不斷翻炒至熟軟。加入蒜末、微辣咖喱醬和薑末，翻炒 1 分鐘。加入馬鈴薯粒、胡蘿蔔粒、椰菜花、紅扁豆、上湯和番茄粒，再加適量鹽和胡椒調味，大火煮滾。蓋上鍋蓋，改小火煮 30 分鐘，或至紅扁豆變軟。

2. 同時，把低脂原味優格、芫荽（香菜）碎葉和芒果醬混合拌勻，製成優格沙拉，用小碗盛放。

3. 將菠菜葉入湯煮 2 分鐘，至剛軟。然後試味，並按需要調味。裝碗，淋上優格沙拉醬。可依個人喜好，搭配出爐的印度烤餅食用。

🥄 多一味

咖喱茄子湯
Curried Aubergine Soup

取茄子 2 個，切塊，與洋蔥一起放入鍋煎，至茄子略顯褐色。加入蒜末、微辣咖喱醬和薑末，如上所述翻炒 1 分鐘。加入馬鈴薯粒、胡蘿蔔粒、紅扁豆、上湯和番茄粒，不加椰菜花。待湯煮 30 分鐘後，用攪拌機打成糊狀，然後倒回鍋中加熱。不加菠菜，淋上一圈低脂原味優格，撒上少許芫荽（香菜）碎葉，搭配印度薄餅食用。

紅椒翠瓜羹
Red Pepper & Courgette Soup

🕐 準備時間：15 分鐘
🕐 烹製時間：約 40 分鐘

👨‍👩‍👧‍👧

材料

橄欖油 2 湯匙

洋蔥 2 個，切碎

蒜頭 1 瓣，拍碎

紅甜椒 3 個，去蒂、籽，切小塊

翠玉瓜 2 個，切塊

蔬菜上湯或水 900 毫升

鹽和**胡椒**適量

伴食

低脂原味優格或**鮮忌廉**（鮮奶油）適量
細香蔥適量

作法

1 在大平底鍋中燒熱橄欖油，放入洋蔥，小火煎 5 分鐘，或至洋蔥熟軟、色澤金黃。加入蒜末，小火炒 1 分鐘。再加入紅甜椒和一半的翠玉瓜，翻炒 5-8 分鐘，或至熟軟並呈褐色即可。

2 倒入蔬菜上湯，加適量鹽和胡椒調味，大火煮滾。調小火，蓋上鍋蓋，小火煮 20 分鐘。

3 待湯稍冷卻，蔬菜熟軟，分批以攪拌機拌勻。將剩餘的翠玉瓜入鍋，小火煎 5 分鐘。湯攪拌後倒回鍋中加熱，然後試味，並按需要調味。湯面放上煎過的翠玉瓜，淋上低脂原味優格或鮮忌廉（鮮奶油），放上細香蔥即可。

🥄 多一味

紅甜椒胡蘿蔔羹
Red Pepper & Carrot Soup
烹製方法同上，其中以 2 根胡蘿蔔（切粒）代替翠玉瓜，與紅甜椒一同加入煎好的洋蔥和蒜末中，剩餘步驟如上，將湯攪拌成糊狀後重新加熱，湯面淋上 8 茶匙蒜末香草軟芝士，撒上少許細香蔥花即可。

孜然根菜湯
Fennel Seed Root Vegetable Soup

🕐 準備時間：25 分鐘
🕐 烹製時間：約 50 分鐘

👥👥👥👥👥

材料

橄欖油 1 湯匙

洋葱 1 個，切塊

蒜頭 2 瓣，略切碎

孜然 2 茶匙，略碾碎

匈牙利紅椒粉 1/2 茶匙

薑黃粉 1/2 茶匙

胡蘿蔔 250 克，切粒

歐洲蘿蔔 250 克，切粒

芥藍頭（瑞典蕪菁）250 克，切粒

蔬菜上湯或**雞上湯** 1 公升

脫脂牛奶 300 毫升

鹽和**胡椒**適量

作法

1 在大平底鍋中燒熱橄欖油，放入洋葱，煎 5 分鐘至剛熟。加入蒜末、孜然碎、匈牙利紅椒粉和薑黃粉，爆香 1 分鐘。

2 加入根類蔬菜、上湯、適量的鹽和胡椒，大火煮滾後改小火加蓋燉 45 分鐘，間中攪拌，至蔬菜熟透。待湯稍冷卻，用攪拌機打至勻滑。

3 再把濃湯倒回鍋內，加脫脂牛奶拌勻。重新加熱後，試味，並按需要調味。裝入碗中，搭配炸麵包粒（見 P11）即可食用。

🥣 **多一味**

低脂香烤麵包粒
Low-fat Spiced Croûtons

取 3 片全麥麵包，切成方塊，置於烤盤上，噴上橄欖油 3-4 次，再撒上 1 茶匙茴香粗粉、匈牙利紅椒粉和薑黃粉各 1/4 茶匙。將烤盤放入預熱至 190℃（375℉／煤氣 5 度）的烤箱中烤 15 分鐘至麵包酥脆即可。

番茄香橙湯
Tomato & Orange Soup

🕐 準備時間：15 分鐘
🕐 烹製時間：約 40 分鐘
👥👥👥👥

材料

橄欖油 2 湯匙

洋蔥 1 個，切塊

蒜頭 2 瓣，拍碎

番茄 2 公斤，去皮，切碎

蔬菜上湯或**雞上湯** 450 毫升

橙 1 大個，果皮碾碎

番茄膏 2 湯匙，**橙汁** 75 毫升

羅勒嫩枝 4 根，**紅糖** 1-2 茶匙

裝飾

羅勒葉碎 2-3 湯匙

低脂希臘優格 150 毫升

羅勒嫩枝 6 根，**橙皮絲**少許

作法

1 將橄欖油倒入大深鍋中加熱，再加入洋蔥和蒜末煎至熟軟。倒入番茄、番茄膏、上湯、橙皮、橙汁、羅勒。大火煮滾後把火調小，小火加蓋燉 20-25 分鐘，至蔬菜熟軟。

2 待湯稍冷卻，分批以攪拌機拌勻，透過尼龍細篩濾去番茄籽，把湯濾入乾淨的鍋中。再加入適量的鹽、胡椒和少許紅糖調味。接著以大火煮滾，可另加一些上湯或番茄膏，調至合適的濃度。

3 把羅勒碎葉緩緩加入希臘優格中拌勻。將熱湯倒入預熱過的湯盤中，每份淋上一些羅勒優格，撒上羅勒嫩枝和橙皮絲即可。

🥄 **多一味**

脆皮腸番茄湯
Tomato Soup with Crispy Chorizo
以 75 毫升紅酒代替橙皮和橙汁，烹製方法同上即可。把湯攪成糊狀，放上 40 克現成的西班牙辣腸片（乾爆至金黃色，再切成小粒）即可。

椰菜花小茴香羹
Cauliflower & Cumin Soup

🕐 準備時間：15 分鐘

🕐 烹製時間：約 20 分鐘

👨‍👩‍👧‍👧

材料

葵花籽油 2 茶匙

洋蔥 1 個，切碎

蒜頭 1 瓣，拍碎

孜然 2 茶匙

椰菜花（花椰菜） 1 棵，切小朵

馬鈴薯 1 大個，削皮，切粒

蔬菜上湯 450 毫升

半脫脂牛奶 450 毫升

低脂鮮忌廉（鮮奶油） 2 湯匙

芫荽（香菜）碎葉 2 湯匙

鹽和**胡椒**適量

作法

1 將葵花籽油倒入中型湯鍋中燒熱，加洋蔥、蒜頭和孜然，煎 3-4 分鐘。加入椰菜花、馬鈴薯粒、蔬菜上湯和半脫脂牛奶，待大火煮滾後調小火，小火煮 15 分鐘。

2 把湯以攪拌機拌至勻滑。加入低脂鮮忌廉（鮮奶油）和芫荽（香菜）葉碎拌勻，再加適量鹽和胡椒調味。充分加熱，搭配硬皮全麥麵包片即可食用。

🥄 多一味

咖喱椰菜花湯
Curried Cauliflower Soup

如上述方法煎洋蔥和蒜頭，不加孜然。加入 2 湯匙微辣的咖喱醬，翻炒 1 分鐘，再加入椰菜花（花椰菜）、馬鈴薯粒、菠菜上湯和半脫脂牛奶。按上述步驟完成即可。搭配少許印度薄餅食用。

茴香檸檬湯
Fennel & Lemon Soup

🕑 準備時間：20 分鐘

⏱ 烹製時間：約 25 分鐘

👥👥👥👥

材料

橄欖油 50 毫升，**葱** 3 大條，切碎

球莖茴香 250 克，修整，去芯，切片

馬鈴薯 1 個，削皮，切粒

檸檬 1 個，果皮磨泥，果肉榨汁

雞上湯或**蔬菜上湯** 900 毫升

鹽和**胡椒**適量

黑橄欖醬

蒜頭 1 小瓣，切末，**檸檬** 1 個，皮磨茸

洋芫荽（巴西里）碎葉 4 湯匙

希臘黑橄欖 16 個，去核，切碎

作法

1 在大平底鍋中燒熱橄欖油，加入葱，煎 5 分鐘至熟軟。加入茴香粒、馬鈴薯片和檸檬皮，翻炒 5 分鐘至茴香片軟化。注入上湯，大火煮滾。調低火候，加蓋慢火煮 15 分鐘左右，至食材全部熟軟。

2 同時，將蒜末、檸檬皮和洋芫荽（巴西里）碎葉混合，再加入希臘黑橄欖拌勻，製成醬汁。加蓋，冷卻備用。

3 把湯以攪拌機拌成糊狀，用細篩過濾除去茴香莖。湯汁不要太濃，可按需要添加一些上湯，然後倒回洗淨的鍋內。試味，加適量的鹽、胡椒和檸檬汁調好味，並以小火充分加熱。倒入預熱過的碗中，舀上一些黑橄欖醬（用餐前拌勻可依個人喜好，搭配硬皮吐司或炸麵包粒（見 P11）食用。

🥣 多一味

茴香鱒魚湯
Fennel & Trout Soup

不用黑橄欖醬，將 2 條無骨鱒魚片置於滾開的湯上蒸 10 分鐘，至用刀按壓時魚肉易剝落。從蒸籠中取出鱒魚，剝去魚皮，撕成小片，取出魚刺。用 4 隻淺碗盛裝，淋上湯汁即可。

烤菜根湯
Roast Root Vegetable Soup

🕐 準備時間：10 分鐘
🕐 烹製時間：1 小時 5 分鐘

👭👭👭👭👭

材料

胡蘿蔔 4 根，切塊

歐洲蘿蔔 2 根，切塊

橄欖油 適量，噴灑用

韭菜 1 條，細切

蔬菜上湯 1.2 公升

百里香葉 2 湯匙

鹽 和 **胡椒** 適量

百里香嫩枝 適量，裝飾用

作法

1 將胡蘿蔔和歐洲蘿蔔置於烤盤上，略噴
   上一些橄欖油，撒上適量的鹽和胡椒調
   味。放入預熱至 200℃（400℉／煤氣 6
   度）的烤箱中烤 1 小時，或至蔬菜熟軟
   即可。

2 在蔬菜出爐的前 20 分鐘，將韭菜、蔬菜
   上湯和 1 茶匙百里香葉放入大深鍋中。
   蓋上鍋蓋，以小火煮 20 分鐘。

3 把烤好的根類蔬菜放入攪拌機中拌勻，
   可加少許上湯。攪拌好後倒入上湯鍋中，
   調好味。加入餘下的百里香葉拌勻，慢
   火煮 5 分鐘加熱。

4 分碗盛裝，撒上百里香嫩枝即可。

🥄 **多一味**

烤南瓜羹
Roast Butternut Squash Soup

將 750 克南瓜，對切、去籽、削皮，
切成厚片，置於烤盤上。噴上一些橄欖
油，撒上適量的鹽和胡椒調味，放入預
熱至 200℃（400℉／煤氣 6 度）的烤
箱中烤 45 分鐘，剩餘步驟如上即可。

紅甜椒薑湯
Red Pepper & Ginger Soup

🥣 準備時間：20 分鐘，冷卻時間另加
🕐 烹製時間：45 分鐘
👨👩👧👩

材料

紅甜椒 3 個，對切，去蒂、籽
紅洋葱 1 個，切 4 等份
蒜頭 2 瓣，**橄欖油** 1 茶匙
生薑 1 塊，長約 5 厘米，切末
孜然粉 1 茶匙，芫荽（香菜）粉 1 茶匙
馬鈴薯 1 大個，切小粒，蔬菜上湯 900 毫升
奶油芝士 4 湯匙，**鹽**和**胡椒**適量

作法

1 將紅甜椒、紅葱和蒜頭放入預熱至 200℃（400°F／煤氣 6 度）的烤箱中烤 40 分鐘，或至紅甜椒表皮起泡，紅葱塊和蒜瓣熟軟。其間，若紅葱塊大面積呈褐色，用紅甜椒蓋於其上，繼續烘烤。

2 同時，將橄欖油倒入深鍋中燒熱，放入薑末、孜然粉和芫荽（香菜）粉，小火煎 5 分鐘至熟軟。加入馬鈴薯粒炒勻，撒上適量的鹽和胡椒調味。注入蔬菜上湯，加蓋，小火煮 30 分鐘。

3 從烤箱中取出烤好的蔬菜。把紅甜椒放入保鮮袋中，封口，待其冷卻。把紅葱加入馬鈴薯粒混合物中，小心地把蒜汁透過蒜皮擠入鍋中。剝去甜椒皮，留半個備用，其餘的加入湯中。將湯慢火煮 5 分鐘。

4 把湯以攪拌機拌至勻滑，再倒回鍋內，可加入少量的清水稀釋，調至合適的濃度。分碗盛裝。把剩餘的紅甜椒片切成絲，放於湯面上，再淋上 1 匙新鮮芝士即可。

🥣 **多一味**

甜椒香蒜羹
Red Pepper & Pesto Soup
按上述方法烘烤紅甜椒、紅葱和蒜頭，將橄欖油倒入鍋中燒熱，不加香料，只加 2 茶匙香蒜醬。加入馬鈴薯粒，小火煎 2-3 分鐘，繼續按上述菜譜完成即可。

翠玉瓜蒔蘿羹
Courgette & Dill Soup

🕐 準備時間：20 分鐘，冰凍時間另加

🥄 烹製時間：20-25 分鐘

👫👫👫👫

材料

大洋葱 1 個，切碎

蒜頭 2 瓣，拍碎

葵花籽油或**輕質橄欖油** 2 湯匙

蔬菜上湯或**雞上湯** 1.2-1.5 公升

翠玉瓜 1 千克，切片

蒔蘿（小茴香）碎葉 2-4 湯匙

鹽和**胡椒**適量

裝飾

淡忌廉（淡奶油）125 毫升

蒔蘿（小茴香）枝適量

作法

1 在深鍋中燒熱葵花籽油（或輕質橄欖油），加入洋葱和蒜頭煎至熟軟，但不呈褐色。加入翠玉瓜，蓋上防油紙，以低火燜 10 分鐘，至翠玉瓜熟軟。然後注入 1.2 公升上湯，蓋上鍋蓋，小火煮 10-15 分鐘。

2 將翠玉瓜和少許的上湯放入攪拌機中拌至勻滑，再倒回洗淨的鍋中。將煮過翠玉瓜的上湯及剩餘的上湯注入鍋中，並加入蒔蘿（小茴香）碎葉。用適量的鹽和胡椒調好味，以大火煮滾。

3 盛入預熱過的湯碗中，淋上一圈淡忌廉，擺上少許蒔蘿（小茴香）枝葉即可。

🥄 多一味

南瓜蒔蘿湯
Mixed Squash & Dill Soup

在深鍋中燒熱 2 湯匙葵花籽油，加入 1 個切碎的洋葱和 2 片拍碎的蒜頭煎 5 分鐘。加入 500 克翠玉瓜粒和 500 克備好的圓形或長形南瓜（冬南瓜）粒（去籽削皮後稱重）。按上述方法小火煮熟，再加入上湯，剩餘步驟如上即可。搭配香蒜麵包粒（見 P11）食用。

豆瓣番茄醬湯
Bean & Sun-dried Tomato Soup

🕐 準備時間：5 分鐘

⏱ 烹製時間：20 分鐘

👨‍👩‍👧

材料

初榨橄欖油 3 湯匙

洋蔥 1 個，切碎

西芹莖 2 根，切薄片

蒜頭 2 瓣，切薄片

罐裝棉豆 2 罐

乾製番茄醬 4 湯匙

蔬菜上湯 900 毫升

迷迭香碎葉或**百里香碎葉** 1 湯匙

帕馬森芝士碎屑適量，裝飾用

鹽和**胡椒**適量

作法

1 在大平底鍋中燒熱橄欖油，加入洋蔥煎 3 分鐘至熟軟，再加入西芹莖和蒜片煎 2 分鐘。

2 加入棉豆、乾製番茄醬、蔬菜上湯、迷迭香（百里香）碎葉和少許的鹽及胡椒。大火煮滾，調小火，蓋上鍋蓋，慢火煮 15 分鐘。撒上帕馬森芝士碎屑即可。

🥄 **多一味**

噴香鷹嘴豆番茄湯
Chickpea, Tomato & Rosemary Soup

取 2 罐 425 克的罐裝濾水鷹嘴豆，加入油煎洋蔥、西芹莖片和蒜片的混合物中，再加入 3 湯匙普通番茄膏、2 湯匙辣椒醬、900 毫升蔬菜上湯和 1 湯匙新鮮迷迭香碎葉拌勻。按上述步驟蓋好鍋蓋，小火熬，湯成裝碗即可食用。

美味香菜扁豆羹
Spicy Coriander & Lentil Soup

🕐 準備時間：10-15 分鐘
🕐 烹製時間：40-50 分鐘
👥👥👥👥👥👥

材料

紅扁豆 500 克

植物油 2 湯匙

洋葱 2 個，切碎

蒜頭 2 瓣，切碎

西芹莖 2 根，切碎

罐裝番茄 1 罐 400 克，瀝乾

辣椒 1 支，去籽，切碎

辣椒粉 1 茶匙

突尼斯辣椒醬 1 茶匙

孜然粉 1 茶匙

蔬菜上湯 1.2 公升

鹽和**胡椒**適量

芫荽（香菜）碎 2 湯匙，裝飾用

作法

1 將紅扁豆浸泡在盛有清水的碗中。在深鍋中燒熱植物油，加入洋葱、蒜頭和芹菜，以小火煎至軟。

2 將紅扁豆撈起瀝乾，與番茄一同加入蔬菜鍋中炒勻。加入辣椒、辣椒粉、突尼斯辣椒醬、孜然粉和蔬菜上湯，再加適量鹽和胡椒調味。加蓋，改小火熬 40-50 分鐘至紅扁豆熟軟。若湯汁太濃，可添加少量的蔬菜上湯或清水。

3 趁熱盛入預熱過的碗中，撒上少許芫荽（香菜）碎即可。

🥄 **多一味**

美味香菜白豆羹
Spicy Coriander & White Bean Soup

按上述方法，將洋葱、蒜頭和芹菜用油煎好。取 2 罐（每罐 425 克）罐裝意大利白豆，瀝乾後入鍋，加入上述等量的辣椒、香料和上湯。小火熬 40-50 分鐘，然後將其中一些豆搗碎，以增加湯的濃度。再加入 2 湯匙新鮮芫荽（香菜）碎和 4 湯匙新鮮洋芫荽（巴西里）碎即可。

夏日嫩豌豆羹
Summer Green Pea Soup

🕐 準備時間：10 分鐘

🍳 烹製時間：約 15 分鐘

👪👪👪

材料

牛油 1 湯匙

葱 1 捆，切碎

鮮豌豆 1250 克，去莢，或用 500 克冷藏豌豆代替

蔬菜上湯 750 毫升

濃原味優格或淡忌廉（淡奶油）2 湯匙

肉豆蔻適量

細香葱花 1 湯匙，裝飾用

細香葱 2 條，裝飾用

作法

1 在大平底鍋中加熱融化牛油，加入洋葱煎至熟而未變色。加入豌豆，注入上湯。大火煮滾，若為冷藏豌豆，慢火煮 5 分鐘左右；若為新鮮豌豆，時間則不要超過 15 分鐘，至豌豆熟軟即可。注意：不要讓新鮮豌豆煮爛，否則會失去風味。

2 將湯離火，再以攪拌機拌勻。加入原味優格（或淡忌廉）令湯變濃，拌入少許肉豆蔻。若有需要，可重新小火加熱。裝碗，撒上細香葱花即可食用。

🥄 多一味

薄荷雙豆羹
Minted Pea & Broad Bean Soup

按如上方法，把葱放入牛油中煎，再加入新鮮帶莢豌豆和蠶豆各 625 克，或冷藏豌豆或蠶豆各 250 克、2 根新鮮薄荷梗，注入上湯。按上述方法煮熟，然後攪拌、重新加熱、裝碗，每碗各淋上 1 湯匙濃忌廉（濃奶油），撒上一些新鮮細小的薄荷葉即可。

扇貝西蘭花湯
Scallop & Broccoli Broth

🕐準備時間：10 分鐘

🕐烹製時間：約 40 分鐘

👨‍👩‍👧‍👧

材料

蔬菜上湯或**雞上湯** 1.2 公升

薑 25 克，刮去薑皮，切長條，薑皮留用

紅辣椒 1 小支，去籽，切薄片

醬油 1 湯匙

葱 3 條，斜切薄片

西蘭花（青花椰菜）500 克，修整並切出小朵

扇貝 12 大隻，帶卵

泰國魚露幾滴

青檸 1/2 個，榨汁

芝麻油適量，佐餐用

作法

1 將上湯、薑條加入深湯鍋以大火滾開 15 分鐘。擱置一旁，浸泡 15 分鐘。

2 取另一個乾淨的深鍋，濾入上湯。加入醬油、薑條、葱、西蘭花和紅辣椒，小火煮 5 分鐘。

3 加入扇貝繼續浸煮 3 分鐘，或至扇貝剛熟透，加入魚露和青檸汁調味。

4 用漏勺將扇貝撈起，每個湯碗分放 3 隻。再分別加入西蘭花和熱湯。滴上幾滴芝麻油，趁熱享用。

🥄 多一味

西蘭花海鮮雜燴
Mixed Seafood & Broccoli Broth

烹製方法同上，但以 1 袋 200 克冷藏海鮮什錦（魷魚絲、青口和蝦）代替扇貝，完全解凍，以冷水洗淨，瀝乾，加入湯中小火煮 3-4 分鐘，待湯煮滾後即可裝碗食用。

around the world
各國風味湯

蘇格蘭鱈魚湯
Scottish Cullen Skink

🕐 準備時間：25 分鐘

🍳 烹製時間：40 分鐘

👪👪👪

材料

牛油 25 克，**洋蔥** 1 個，切塊

馬鈴薯 500 克，切粒

大燻鱈魚 1 條，或 300 克煙黑線鱈魚柳

月桂葉 1 片

魚上湯 900 毫升，**牛奶** 150 毫升

濃忌廉（濃奶油） 6 湯匙

鹽和**胡椒**適量

洋芫荽（巴西里）葉碎，裝飾用

作法

1 在大平底鍋中燒熱牛油，加入洋蔥，小火煎 5 分鐘至熟軟。加入馬鈴薯粒炒勻，加蓋燜 5 分鐘。將黑線鱈置於最上面，再加入月桂葉，注入上湯。添加適量鹽和胡椒調味，大火煮滾。加蓋，改小火煮 30 分鐘，或至馬鈴薯熟軟。用漏勺將魚撈出，扔掉月桂葉。

2 若用燻鱈魚，去除魚頭，用小餐刀戳鬆魚骨，抽出魚骨。用刀叉將魚皮刮去，魚肉拆成小片。若用黑線鱈，只需刮去魚皮，將魚肉拆成小片，確保沒有小骨即可。將三分之二的魚肉放回鍋內，把湯用攪拌機打至勻滑。回鍋加牛奶和忌廉拌勻，大火加熱至剛沸即調小火；試味，並按需要調味。

3 裝入碗中，撒上餘下的魚肉和洋芫荽（巴西里）碎葉。搭配烤大麥餅或蘇打煎餅食用。

🥣 **多一味**

蘇格蘭火腿鱈魚湯
Scottish Ham & Haddie Bree

烹燜馬鈴薯時，加入 6 片煙肉（培根）片（切粒），至肉片呈金黃色即可。加入魚肉、月桂葉、上湯和調味料，按上述方法小火煮 30 分鐘。撈起魚肉，剝成小片，放回鍋中，加牛奶和濃忌廉（濃奶油）拌勻。裝碗，在湯面撒上蔥花作裝飾。

卡真紅豆湯
Cajun Red Bean Soup

🕐 準備時間：25 分鐘，另加整夜浸泡時間

🕐 烹製時間：1 小時

👤👤👤👤👤👤

材料

葵花籽油 2 湯匙

洋葱 1 大個，切碎

紅甜椒 1 個，切半，去莖，切粒

胡蘿蔔 1 根，切粒

焗薯（焗馬鈴薯）1 個，切粒

蒜頭 2-3 瓣，切末（選用）

卡真 [肯瓊，Cajun] 什錦香料 2 茶匙

罐裝番茄碎 1 罐 400 克

紅糖 1 湯匙

蔬菜上湯 1 公升

罐裝紅腰豆 1 罐 425 克，瀝乾

秋葵 50 克，切片

綠豆角（四季豆）50 克，切薄片

鹽和胡椒適量

作法

1 在大煎鍋中燒熱葵花籽油，加入洋葱，
  炒 5 分鐘至軟。加入紅甜椒、胡蘿蔔粒、
  馬鈴薯粒和蒜末（選用），再炒 5 分鐘。
  再加入卡真什錦香料、番茄、紅糖、蔬
  菜上湯拌勻，以鹽和胡椒調味，大火煮
  滾。

2 加入瀝乾的紅腰豆，攪勻。大火煮滾，
  蓋上鍋蓋，改小火熬 45 分鐘，至蔬菜熟
  軟。

3 加入秋葵和豆角片，蓋上鍋蓋，煮 5 分
  鐘至剛熟軟。裝碗，搭配硬法包食用。

🥣 **多一味**

匈牙利香辣紅豆湯
Hungarian Paprika & Red Bean Soup

照上述方法，以 1 茶匙紅椒粉代替卡真
什錦香料。小火熬 45 分鐘後，不加秋
葵和豆角，將湯攪成糊狀，重新加熱。
裝入碗中，每碗淋上 2 湯匙酸忌廉（酸
奶油），再撒上少許葛縷子 [凱莉茴香，
Caraway Seeds] 作裝飾。

海鮮玉米周打湯
Seafood & Corn Chowder

🕐 準備時間：25 分鐘
🥄 烹製時間：40 分鐘
👫👫👫

材料

牛油 25 克

葱 1 大把，切粒，白莖與綠葉分開

馬鈴薯 200 克，切粒，**魚上湯** 300 毫升

月桂葉 1 大片，**煙黑線鱈** 150 克

黑線鱈或鱈魚 150 克，冷藏玉米粒 50 克

冷藏海鮮什錦 200 克，解凍，沖洗，瀝乾

牛奶 300 毫升，**濃忌廉（濃奶油）** 150 毫升

新鮮洋芫荽（巴西里）碎葉適量

鹽和胡椒適量

餐包 6 大個，切去頂部，中間挖空，做成麵包盒

作法

1 在湯鍋裡燒熱牛油，加入葱白和馬鈴薯粒，炒勻，蓋上鍋蓋，以小火煎 10 分鐘，間中翻動一下，至剛上色即可。

2 注入上湯，加入月桂葉，將魚放於最上面，撒上鹽和胡椒調味。待大火煮滾，加蓋，改小火煮 20 分鐘，至馬鈴薯粒變軟。用漏勺撈起魚肉，用碟盛好，剝掉魚皮，壓成小片，檢查清楚有沒有小骨。

3 把魚放回鍋內，加入綠色葱粒、冷凍玉米粒、解凍的什錦海鮮和牛奶。大火煮滾，加蓋，改小火煮 5 分鐘，至海鮮變熱。取出月桂葉。加入濃忌廉（濃奶油）和洋芫荽（巴西里），試味並按需要調味。重新煮滾，盛入挖空的麵包盒中。用小匙羹舀湯飲用，最後可連吸滿魚香味的麵包也吃掉。

🥄 多一味

雞絲玉米周打湯
Chicken & Corn Chowder

雞腿 6 小隻，去皮去骨，切粒，與葱白一起煎 5 分鐘至金黃色。加入馬鈴薯粒 200 克，蓋上鍋蓋，小火煎 5 分鐘，加入雞上湯 300 毫升、月桂葉 1 大片和調味品。加蓋，小火煮 30 分鐘。加入綠色葱粒、冷凍玉米、熟火腿粒 50 克和牛奶。小火再煮 5 分鐘，倒入濃忌廉（濃奶油）拌勻。把煮好的湯裝入麵包盒或碗中食用。

越南牛肉麵
Vietnamese Beef Pho

🕐 準備時間：15 分鐘
🕑 烹製時間：約 45 分鐘

👤👤👤👤👤👤

材料

葵花籽油 1 茶匙

花椒 1 茶匙，拍裂

香茅 1 棵，切片

肉桂條 1 條，撕碎

八角 2 粒

生薑 1 塊，長約 4 厘米，削皮，切片

芫荽（香菜） 1 小捆

牛肉上湯 1.5 公升

魚露 1 湯匙

青檸（酸柑） 1 個，取果汁

幼米粉 100 克

牛冧肉（臀肉） 或**牛排** 250 克，去除肥肉，切薄片

豆芽 100 克，洗淨

葱 4 棵，切薄片

微辣紅辣椒 1 大個，切薄片

作法

1 在湯鍋裡燒熱葵花籽油，爆香花椒、香茅、肉桂、八角和薑片，約 1 分鐘。芫荽（香菜）切梗，與上湯一起入鍋。大火煮滾，攪拌後加蓋，改小火熬 40 分鐘。

2 過濾上湯，倒回鍋中，加入魚露和青檸汁拌匀。然後以另一個鍋煮熟米粉，瀝乾，分入 6 隻碗中。將牛排放入湯中煮 1-2 分鐘。把豆芽、葱和辣椒均分到米粉碗中，淋上湯水，以芫荽（香菜）碎葉作裝飾即可。

🥄 多一味

越南蝦湯
Vietnamese Prawn Soup

按上述方法煮好香料湯，用 1.5 公升雞上湯或蔬菜上湯代替牛肉湯，並以 2 片青檸葉代替肉桂片。小火熬 40 分鐘，然後過濾上湯，餘下步驟同上。其中，以 200 克新鮮去殼的蝦和 150 克磨菇片代替牛排，慢煮 4-5 分鐘，至蝦變色。最後，在每碗上加入豆芽、葱和辣椒即可。

希臘檸檬雞湯
Greek Chicken Avgolomeno

🕐 準備時間：10 分鐘

🕐 烹製時間：15-20 分鐘

👫👫👫

材料

雞上湯 2 公升，**米粒麵**或**通心粉** 125 克

牛油 25 克，**麵粉** 25 克

蛋黃 4 個，**檸檬** 1 個，皮磨碎、榨汁

鹽和**胡椒**適量

裝飾

熟雞肉 125 克，撕成細絲狀

檸檬果皮另備少許

俄立岡葉適量

檸檬適量，切角

作法

1 將上湯煮滾，加入意大利麵，慢火煮 8-10 分鐘，至剛熟。同時，以另一個小平底鍋燒熱牛油，加麵粉拌勻，從大鍋中取兩勺上湯，緩緩注入麵粉中拌勻。不停地攪拌成糊，待湯煮滾時熄火。

2 在中等大小的碗中將蛋黃、檸檬皮碎、少許鹽和胡椒拌勻。緩緩加入檸檬汁拌勻。再取小平底鍋中的麵糊緩緩注入，不斷攪拌至勻。

3 意大利麵煮熟時，多取幾勺熱的雞湯加到檸檬混合物中拌勻，再把混合物倒入大鍋內。（謹記不要把雞蛋和檸檬直接倒入意大利麵的鍋中，否則蛋黃會凝固。）調勻後，盛入淺碗中，湯面加上從雞骨架上取下的肉絲、一些檸檬皮碎和撕碎的俄立岡葉。連同檸檬角一起上桌。

🥄 **多一味**

鱈魚檸檬蛋湯
Cod Avgolomeno

將 2 公升的魚上湯過篩濾入湯鍋，大火煮滾，加入 125 克小型意大利麵和 625 克去皮的鱈魚片，小火煮 8-10 分鐘至意大利麵變軟。撈起鱈魚，剝去魚皮，去骨，將魚肉壓成小片。按上述方法，將牛油和麵粉混合做成麵糊，加入少許上湯、蛋黃和檸檬混合物，再一起加入意大利麵和魚肉中，用碗把湯分好，撒上一些葱花或少許細葉芹碎葉即可。

酸辣蠔菇湯
Mushroom Hot & Sour Soup

🥄 準備時間：5-10 分鐘

🕐 烹製時間：約 15 分鐘

👫👫👫

材料

魚上湯 1.2 公升

香茅 1 棵，拍裂

乾青檸葉 3 片，或青檸皮 3 片

泰國紅辣椒 2 個，對切，去籽

青檸汁 2 湯匙

泰國魚露 1-2 湯匙

罐裝竹筍 50 克

蠔菇 125 克

蔥 2 棵，切薄片

紅辣椒 1/2 個，切片，裝飾用

作法

1 將魚上湯倒入湯鍋，加入香茅、乾青檸葉（或皮）以及泰國紅辣椒，小火煮 10 分鐘。然後把湯濾進另一個鍋裡，保留濾出的紅辣椒少許，其餘的東西扔掉。

2 以青檸汁和泰國魚露將魚湯調味，再加入竹筍、蠔菇和留用的辣椒。慢火煮 5 分鐘。裝碗中，每碗撒上一些蔥片，放上少許新鮮紅辣椒片即可。

🥄 多一味

酸辣番茄素湯
Vegetarian Tomato Hot & Sour Soup
烹製方法同上。其中，以 1.2 公升蔬菜卜湯代替魚上湯，以 2 湯匙生抽代替魚露，以 4 個番茄（去皮、去籽、切碎）和 1.5 個紅甜椒（去籽、切塊）代替蠔菇即可。

意式湯餃
Italian Tortellini in Brodo

🕐 準備時間：10 分鐘
🔥 烹製時間：約 10 分鐘
👫👫👫

材料

番茄 500 克
雞上湯 1.5 公升
乾白葡萄酒 200 毫升
生曬番茄醬 1 湯匙
羅勒葉 1 小捆，略撕碎
菠菜芝士意大利雲吞 1 袋，約 300 克，餡料可任擇
新鮮帕馬森芝士碎 6 湯匙，另備少許伴食
鹽和**胡椒**適量

作法

1 用刀在每個番茄底端劃 "十" 字，放入碗中，注入沸水浸沒，浸泡 1 分鐘，撈起剝皮，然後切成 4 等份，舀出籽，把果肉切成粒。

2 將番茄、雞上湯、乾白葡萄酒和番茄醬加入湯鍋中，加適量鹽和胡椒調味，大火煮滾，改小火再煮 5 分鐘。

3 加入一半的羅勒葉和所有的意大利雲吞，再加熱煮滾，煮 3-4 分鐘，至雲吞剛熟軟。加入帕馬森芝士拌勻，試味並按需要調味。盛入碗中，再撒上一些芝士碎和餘下的羅勒葉即可。

🥄 **多一味**

蒜香馬鈴薯餃
Gnocchi & Pesto Broth

如上文所述，取 1.5 公升雞上湯，加入番茄、乾白葡萄酒、番茄醬和 2 湯匙香蒜醬，大火煮滾。再加 300 克冰凍馬鈴薯餃子代替芝士雲吞，並加入 125 克菠菜葉絲，小火煮 5 分鐘，至餃子浮在湯面，菠菜變軟，加入新鮮帕馬森芝士碎拌勻，剩餘步驟同上即可。

匈牙利羊肉喬巴
Hungarian Chorba

🕐 準備時間：25 分鐘
🕐 烹製時間：2 小時 30 分鐘
👨‍👩‍👧‍👦👨‍👩‍👧‍👦

材料

葵花籽油 1 湯匙

燜燉用帶骨羊肉 500 克

洋蔥 1 個，切碎

胡蘿蔔 1 根，切塊

芥藍頭（瑞典蕪菁）150 克，切塊

煙燻紅椒粉 2 茶匙，長米 50 克

蒔蘿（小茴香）1 小撮，另備少量，撕碎，
裝飾用

羊肉上湯 1.5 公升，**紅酒醋** 4-6 湯匙

紅糖 2 湯匙，**雞蛋** 2 顆，**鹽**和**胡椒**適量

作法

1 將葵花籽油倒入湯鍋中燒熱，加入羊肉，煎至一面呈褐色，然後翻面，加入洋蔥、胡蘿蔔和芥藍頭（瑞典蕪菁）翻炒，至羊肉兩面均呈褐色。

2 撒上辣椒粉快炒，然後按順序加入長米、蒔蘿（小茴香）、羊肉上湯、紅酒醋和紅糖，以適量鹽和胡椒調味，大火煮滾，不停地攪拌，加蓋，改用小火熬 2.5 小時，至羊肉熟透。

3 用漏勺將羊肉撈起，移至砧板上，去骨，切去肥肉，將瘦肉切成小片，放回鍋中。將雞蛋打入碗中拂勻，緩緩注入 1 勺熱上湯拌勻，然後倒入鍋中。小火加熱，至湯汁略微黏稠，記住不要讓湯煮滾，否則雞蛋會凝固。試味，並按需要調味。撒上一些蒔蘿（小茴香）碎，盛入碗中。搭配粗麥麵包片食用。

🥣 多一味

甘藍雞喬巴
Chicken & Kohlrabi Chorba

以 6 隻雞腿代替羊肉，煎香，加入洋蔥和胡蘿蔔，再加入 150 克去皮、切粒的球莖甘藍代替芥藍頭（瑞典蕪菁）。烹製方法如上，小火煮 1.5 小時即可。

【註】喬巴是中東一種湯菜，主要成分有肉類、蔬菜和香料。多數伴麵包食用。

泰式蝦湯
Thai Prawn Broth

🕐 準備時間：15 分鐘

🕐 烹製時間：約 10 分鐘

材料

蔬菜上湯 1.2 公升

現成的泰式紅咖喱醬 2 茶匙

乾青檸葉 4 片，撕碎

泰國魚露 3-4 茶匙

蔥 2 棵，切片

冬菇（香菇）150 克，切片

蕎麥乾麵 125 克

紅甜椒 1/2 個，去瓤、籽，切條

白菜 125 克，切粗絲

冷藏大蝦 250 克，解凍，洗淨

芫荽（香菜）葉 1 小撮

作法

1 將蔬菜上湯放入湯鍋中，加入咖喱醬、乾青檸葉、泰國魚露、蔥和香菇，煮滾，然後改小火煮 5 分鐘。

2 用另一個鍋煮麵，水煮滾時放入麵條煮 3 分鐘。

3 將剩餘的材料放入湯中，煮 2 分鐘至微滾。

4 麵條撈起瀝乾，用新鮮熱水沖一沖，盛入 4 隻碗中。再淋上滾燙的蝦湯，趁熱食用。可依個人喜好，另取小碗，分別盛裝泰國魚露和黑醬油供調味。

🥄 多一味

泰式羅望子湯
Thai Tamarind Broth

把上湯倒入鍋中，加入 2 茶匙羅望子醬、1/4 茶匙薑黃粉，然後按上述方法加咖喱醬及調味料，不加蝦。小火煮 5 分鐘，其餘步驟按上完成即可。

雞絲麵線湯
Chicken Soup with Lockshen

🕐 準備時間：20 分鐘

🕑 烹製時間：5 分鐘

👨‍👩‍👧‍👦👩‍👧

材料

雞上湯 2 公升

熟雞絲 150-200 克

麵線 100 克

鹽和**胡椒**適量

洋芫荽（巴西里）碎適量，裝飾用（選用）

作法

1 煮滾雞上湯，加入雞絲煮透。同時，煮滾另一鍋清水，加入麵線，慢火煮 4-5 分鐘，至軟。

2 把麵條撈起，分成 6 份，分別盛入湯碗中，堆成雀巢狀，淋上湯水，再撒上少許洋芫荽（巴西里）碎作裝飾（如不喜歡可不用）。

 多一味

麵丸雞湯
Chicken Soup with Kneidlech
湯的烹製方法同上，只是不加麵線。製作麵丸的方法：把 125 克中等大小的無酵猶太麵餅，1 撮薑末、適量的鹽和胡椒、1 顆打好的雞蛋放在碗中，加 1 湯匙融化的雞油或人造牛油和 5-6 湯匙熱雞湯或熱水，和成帶有彈性的麵糰。分為 20 等份，分別搓圓，放在碟上，放入冰箱冷卻 1 小時。然後放入滾水中煮 25 分鐘，至麵丸浮上水面且鬆軟即可。撈起瀝乾，放入盛有雞湯的碗中。

加納花生羹
Ghanaian Groundnut Soup

🥄 準備時間：15 分鐘

🍳 烹製時間：約 40 分鐘

👨👩👨👩👨

材料

葵花籽油 1 湯匙

洋葱 1 個，切幼粒

胡蘿蔔 2 根，切粒

番茄 500 克，去皮，切塊

紅辣椒醬或**辣椒碎** 1/2 茶匙

鹽焗花生 100 克

魚上湯或**蔬菜上湯** 1 公升

裝飾

辣椒碎適量

花生適量，研碎

作法

1 在湯鍋中燒熱葵花籽油，加入洋葱和胡蘿蔔，翻炒 5 分鐘至熟軟，材料的邊緣呈金黃色。加入番茄和辣椒醬，翻炒 1 分鐘。

2 把鹽焗花生放入乾磨機中磨碎成幼細粉末。加入到番茄中拌勻，再注入上湯，然後大火煮滾。改小火加蓋煮 30 分鐘。取一半的湯，用攪拌機拌至勻滑，然後放回鍋中重新加熱。試味並按需要調味，裝到湯碗中，撒上辣椒碎和花生，搭配薯芙（見右欄）食用。

🥄 **多一味**

自製薯芙
Homemade Foo Foo

番薯或馬鈴薯 750 克，削皮，切厚塊，放入一鍋沸水中，煮 20 分鐘至軟。撈起瀝乾，加入 3 湯匙牛奶和適量的調味料，搓壓成泥。把薯泥造成小球，上碟，供蘸熱湯食用。

咖喱雞肉湯
Chicken Mulligatawny

🕐 準備時間：15 分鐘
⏱ 烹製時間：約 1 小時 15 分鐘

👥👥👥👥👥👥

材料

葵花籽油 1 湯匙

洋葱 1 個，切碎

胡蘿蔔 1 根，切粒

蘋果 1 個，削皮，去核，切粒

蒜頭 2 瓣，切末

番茄 250 克，去皮，切小塊

中辣咖喱醬 4 茶匙

葡萄乾 50 克

馬豆（紅扁豆）125 克

雞上湯 1.5 公升

熟雞肉 125 克，切絲

鹽和**胡椒**適量

芫荽（香菜）**梗**適量，裝飾用

作法

1 在湯鍋中燒熱葵花籽油，加入洋葱和胡蘿蔔，翻炒 5 分鐘至軟、邊緣呈金黃色。加入蘋果粒、蒜末、番茄和咖喱醬，炒 2 分鐘。

2 加入葡萄乾、馬豆（紅扁豆）和雞湯拌勻。加適量鹽和胡椒調味，待湯煮滾後改小火加蓋煮 1 小時，至馬豆（紅扁豆）軟爛。用湯勺將湯壓成粗糊狀，加入熟雞肉煮透，試味，並按需要調味。裝碗，撒上幾支芫荽（香菜）梗作裝飾。搭配熱的印度烤餅或薄餅食用。

🥣 多一味

胡蘿蔔咖喱肉湯
Citrus Carrot Mulligatawny

按上述方法，將洋葱和 500 克胡蘿蔔粒用 2 湯匙葵花籽油炒 5 分鐘。省去蘋果、蒜頭和番茄，加入馬豆（紅扁豆）、1 個橙和 1/2 個檸檬的汁和果皮絲，以及 1.5 公升蔬菜上湯。大火煮滾，小火加蓋煮 1 小時。然後用攪拌機打至勻滑，重新加熱，調味。搭配炸麵包粒（見 P11）飲用。

倫敦特色湯
London Particular

🥄 準備時間：25 分鐘，浸泡時間另計

🕐 烹製時間：1 小時 20 分鐘

👥👥👥👥👥

材料

乾綠湯豆（綠豌豆）300 克，以冷水浸過夜

牛油 25 克

煙肉（培根）4 片，切粒

洋葱 1 個，切塊

胡蘿蔔 1 根，切粒

西芹莖 2 根，切粒

火腿上湯或**雞上湯** 1.5 公升

鹽和**胡椒**適量

裝飾

洋芫荽（巴西里）1 把，切碎

煙肉（培根）4 片，烤脆，切碎

作法

1 將浸過的綠湯豆瀝乾水份。在湯鍋中燒熱牛油，放入煙肉（培根）粒和洋葱，煎 5 分鐘至軟。加入胡蘿蔔和芹菜粒，再炒 5 分鐘，至金黃色。

2 加入綠湯豆和上湯，煮滾，不斷攪拌。大火滾開 10 分鐘後，調小火，加蓋，小火熬 1 小時左右，或至湯豆軟爛。

3 待湯稍涼，將一半的湯以攪拌機打至勻滑，再倒回鍋內加熱，加適量鹽和胡椒調味。

4 裝碗，撒上脆煙肉（培根）碎和洋芫荽（巴西里）碎即可。

🥄 多一味

雜豆湯
Mixed Pea Broth

將 300 克湯料、包括黃湯豆（黃豌豆）、綠湯豆（綠豌豆）、洋薏米（珍珠麥）和紅扁豆放於冷水中浸泡一整夜。以該湯料代替上述食譜的綠湯豆瓣並按上述方法煮湯。又切出 4 片白麵包，放入烤箱烘烤後，塗上 25 克牛油與 2 茶匙鯷魚調料（或取 3 條罐頭鯷魚切碎的脫水）的混合物，然後將麵包片浮於湯面即可。

番茄麵包湯
Tomato & Bread Soup

🕐 準備時間：10 分鐘
🕐 烹製時間：35 分鐘
👨‍👩‍👧‍👧

材料

熟串番茄 1 千克，去皮，去籽，切細
蔬菜上湯 300 毫升
初榨橄欖油 6 湯匙
蒜頭 2 瓣，拍碎
砂糖 1 茶匙
剁碎羅勒 2 湯匙
脆皮麵包 100 克
意大利香醋 1 湯匙
鹽和胡椒適量
羅勒葉適量，裝飾用

作法

1 將番茄、上湯、橄欖油 2 湯匙、蒜碎、砂糖和羅勒碎葉放入湯鍋中小火煮滾，加蓋，以小火再熬 30 分鐘。

2 將脆皮麵包撕碎撒入湯中，以小火煮並攪拌至濃稠。加入意大利香醋，及餘下的橄欖油拌勻，用適量的鹽和胡椒調味。可依個人喜好，趁熱或冷卻至室溫食用。撒上羅勒葉作裝飾。

🥄 多一味

烤椒番茄麵包湯
Tomato & Bread Soup with Roasted Peppers

紅甜椒和橙甜椒各 1 個，對切，去籽，置於烤盤中切面朝下，刷上 1 湯匙橄欖油，烤 10 分鐘至外皮變焦。包上鋁箔紙，待其冷卻，剝皮、切片，入鍋，並按如上放入 1.5 千克去皮去籽的番茄、上湯、橄欖油、蒜碎、砂糖和羅勒葉，加熱煮滾，烹製方法如上。

加勒比辣味什錦湯
Caribbean Pepper Pot Soup

🕐 準備時間：20 分鐘
🍳 烹製時間：約 50 分鐘

👫👫👫

材料

橄欖油 2 湯匙

紅辣椒 1 支，去籽，切碎

紅甜椒 2 個，去莖、籽，切粒

洋葱 1 個，切小碎粒，**蒜頭** 2 瓣，切末

胡蘿蔔 1 大根，切粒

馬鈴薯 200 克，切粒

月桂葉 1 片，**百里香嫩枝** 1 根

罐裝全脂椰漿 1 罐 400 毫升

牛肉上湯 600 毫升，**鹽**和**辣椒粉**適量

裝飾

牛冧肉（牛臀肉）200 克，**橄欖油** 2 茶匙

> 🍲 多一味
>
> **鮮蝦菠菜辣味什錦**
> **Prawn & Spinach Pepper Pot Soup**
> 湯的烹製方法如上，以 600 毫升魚上湯代替牛肉上湯。小火熬 30 分鐘，再加入 200 克已剝殼的鮮蝦（若為冷藏品，需先解凍）和 125 克菠菜，慢火煮 3-4 分鐘，至蝦肉變粉紅色、熟透，菠菜軟身即成。

作法

1 在湯鍋中燒熱橄欖油，加入洋葱，小火煎 5 分鐘至軟並呈金黃色。加入紅辣椒、紅甜椒、蒜末、胡蘿蔔、馬鈴薯及百里香，爆炒 5 分鐘。

2 倒入全脂椰漿和牛肉上湯，用適量的鹽和辣椒粉調味。不斷地攪拌，待湯煮滾，加蓋，小火熬 30 分鐘，或至蔬菜軟爛。除去百里香嫩枝，然後試味，根據個人需要調味。

3 將牛排抹上橄欖油，撒上少許鹽和辣椒粉調味。燒熱煎鍋，加入牛排，每面各煎 2-5 分鐘。靜置 5 分鐘，再切成薄片。將湯裝入碗中，以牛排片裝飾用，搭配硬麵包食用。

法國洋蔥湯
French Onion Soup

🕐 準備時間：15 分鐘

🕐 烹製時間：1 小時

👨‍👩‍👧‍👧

材料

牛油 25 克，橄欖油 2 湯匙

大個洋蔥 500 克，對切，切薄片

砂糖 1 湯匙，白蘭地酒 3 湯匙

紅葡萄酒 150 毫升，牛肉上湯 1 公升

月桂葉 1 片，鹽和胡椒適量

芝士烤麵包

法式麵包 4-8 片

蒜頭 1 瓣，對切

瑞士芝士 [Gruyere Cheese] 40 克，磨碎

作法

1 在湯鍋中燒熱牛油和橄欖油，加入洋蔥，小火煎 20 分鐘，間中攪拌，至洋蔥熟軟、邊緣呈金黃色。

2 加入砂糖，將洋蔥再煎 20 分鐘，並不停地迅速翻炒，至洋蔥變焦、呈深褐色。倒入白蘭地酒，待沸騰時，用細長蠟燭點燃。

3 待火焰熄滅，加入紅葡萄酒、牛肉上湯、月桂葉、適量的鹽和辣椒，煮滾後加蓋以小火煮 20 分鐘。試味，根據個人喜好調味。

4 將法式麵包兩面烤脆，在一面放上蒜頭，塗上瑞士芝士，放回烤架上烤，至瑞士芝士起泡即可。把湯裝入碗中，在湯面放上芝士烤麵包。

🥣 多一味

蘋果洋蔥羹
Apple & Onion Soup

按上述方法煎好洋蔥，然後加入 1 個削皮、去核、切碎的小蘋果和適量的砂糖。洋蔥變焦後注入 3 湯匙蘋果酒 [Calvados] 或白蘭地酒點燃，再加入 150 毫升乾蘋果酒 [Dry Cider]、1 公升雞上湯、2 株百里香。小火煮 20 分鐘。搭配舖上烤芝士的香蒜吐司食用，湯面撒上少許百里香。

俄國雜菜湯
Russian Borshch

🕐 準備時間：15 分鐘
🕐 烹製時間：55 分鐘

👪👪👪

材料

牛油 25 克，**葵花籽油** 1 湯匙

洋蔥 1 個，細切

新鮮甜菜頭 375 克，去枝葉，削皮，切粒

胡蘿蔔 2 根，切粒

西芹莖 2 支，切粒

紫椰菜 150 克，去菜心，切碎

馬鈴薯 300 克，切粒

蒜頭 2 瓣，切末

牛肉上湯 1.5 公升

番茄膏 1 湯匙

紅酒醋 6 湯匙，**紅糖** 1 湯匙

月桂葉 2 片，**鹽和胡椒**適量

酸奶油 200 毫升，**蒔蘿**（小茴香）葉 1 小捆

作法

1 在湯鍋中燒熱牛油和葵花籽油，加入洋蔥，炒 5 分鐘至洋蔥熟軟。加入甜菜頭、胡蘿蔔、芹菜、紫椰菜、馬鈴薯和蒜末炒 5 分鐘。

2 加入牛肉上湯、番茄膏、紅酒醋和紅糖，拌勻，再加入月桂葉，用適量的鹽和胡椒調味。待湯煮滾，加蓋，調小火再熬 45 分鐘，至蔬菜軟爛。試味，依個人需要調味。

3 裝入碗中，在湯面淋上幾匙酸奶油，撒上蒔蘿（小茴香）葉碎及少許黑胡椒碎。搭配黑麵包食用。

🍲 多一味

素餃雜菜湯
Vegetarian Borshch with Pinched Dumplings

用 300 毫升熱水將 40 克乾蘑菇浸泡 15 分鐘。按上述方法煮湯，以浸蘑菇的水和 1.2 公升蔬菜上湯代替牛肉上湯。素餃的製作：將 125 克麵粉、1/4 茶匙葛縷子（凱莉茴香）籽、適量的鹽和胡椒、2 顆打發好的雞蛋及足夠的清水混合，攪拌成光滑的麵糰，搓成長條狀，剪成段，放入上湯中，小火煮 10 分鐘至鬆軟，不加酸奶油和蒔蘿（小茴香）葉。

芳香豆腐米粉湯
Fragrant Tofu & Noodle Soup

🕐 準備時間：15 分鐘，另加 10 分鐘瀝乾水分

⏱ 烹製時間：10 分鐘

👫

材料

硬豆腐 125 克，切粒

芝麻油 1 湯匙

乾幼米粉 75 克

蔬菜上湯 600 毫升

生薑 1 塊，長 2.5 厘米，削皮，切薄片

蒜頭 1 瓣，切厚片

乾青檸葉 3 片，對半撕開

香茅 2 棵，對切，拍裂

菠菜或小白菜葉 1 把

豆芽 50 克

新鮮紅辣椒 1-2 支，去籽，切薄片

芫荽（香菜）葉 2 湯匙

泰國魚露 1 湯匙，青檸角適量，伴食

作法

1 將硬豆腐放入鋪有廚房用紙的碟上，靜置 10 分鐘至瀝乾水分。

2 將橄欖油倒入炒鍋中燒熱，加入豆腐煎 2-3 分鐘，至豆腐呈金黃色。

3 同時，將米粉放於沸水中浸泡 2 分鐘，撈起瀝乾。

4 將上湯、薑片、蒜片、乾青檸葉和香茅放入湯鍋中，大火煮滾，調小火，加入豆腐、米粉、菠菜或白菜、豆芽和紅辣椒，煮透，然後加入芫荽（香菜）葉和泰國魚露調味，用深碗盛裝。搭配青檸角和辣椒醬食用。

🥣 多一味

豆腐沙嗲湯
Tofu & Satay Soup

按上述方法煎豆腐。在上湯內加入薑片、蒜片、不加乾青檸葉和香茅，將 2 湯匙粗粒花生醬和 1 湯匙醬油加入湯中拌勻。小火煮 3 分鐘，再加入硬豆腐、米粉、菠菜或白菜、豆芽和紅辣椒，煮好後搭配芫荽（香菜）葉和青檸角食用。

玉米雞肉周打湯
Corn & Chicken Chowder

🕐準備時間：15 分鐘

🍳烹製時間：約 30 分鐘

👫👫👫👫

材料

牛油或人造牛油 25 克

洋蔥 1 大個，切碎

紅甜椒 1 小個，去筋、籽，切粒

馬鈴薯 625 克，切粒

麵粉 25 克

雞上湯 750 克

罐裝或冷藏甜玉米粒 175 克

熟雞肉 250 克，切小粒

牛奶 450 毫升

洋芫茜（巴西里）碎 3 湯匙

鹽和**胡椒**適量

紅辣椒少許，切片，裝飾用

作法

1 將牛油或人造牛油放入湯鍋中加熱融化，
加入洋蔥、紅甜椒和馬鈴薯，中火煎 5
分鐘並不停地翻炒。

2 撒上少許麵粉，小火翻炒 1 分鐘，緩緩
注入上湯拌勻，大火煮滾，不斷攪拌。
調小火，加蓋煮 10 分鐘。

3 加入玉米粒、雞肉和牛奶拌勻。用適量
的鹽和胡椒調味，加蓋小火煮 10 分鐘。
試味，依個人需要調味。撒上紅辣椒片
和洋芫茜（巴西里）碎即可供食。

🥣 **多一味**

醃肉玉米周打湯
Gammon & Corn Chowder

按上述方法用牛油煎洋蔥、紅甜椒和馬
鈴薯、撒上少許麵粉，加入上湯拌勻，
小火煮 10 分鐘。同時，將 250 克醃豬
腿排烤 10 分鐘，其間要翻面 1 次，然
後切去肥肉，切粒，與甜玉米、牛奶及
洋芫茜（巴西里）碎一起加入湯中攪
拌，烹製方法如上即可。

巴斯克鮮魚湯
Basque Fish Soup

🕐 準備時間：20 分鐘
🕑 烹製時間：45 分鐘

👩👩👩👩👩👩

材料

橄欖油 2 湯匙，**小胡瓜** 1 個，切粒

紅葡萄酒 150 毫升

鯖魚 2 條，去除內臟，裡外洗淨

洋蔥 1 個，切碎粒

蒜頭 2 瓣，切末

魚上湯 1 公升，**鹽**和**辣椒粉**適量

青甜椒 1/2 個，去莖、籽，切粒

馬鈴薯 250 克，切厚塊

罐裝番茄粒 400 克

紅甜椒 1/2 個，去莖、籽，切粒

匈牙利紅椒粉 1/2 茶匙

番茄膏 1 湯匙

作法

1 將橄欖油倒入湯鍋中加熱，加入洋蔥，小火煎 5 分鐘至熟軟。放入青甜椒、紅甜椒、小胡瓜、蒜末及馬鈴薯爆炒 5 分鐘後，加入匈牙利紅椒粉翻炒 1 分鐘。

2 加入紅葡萄酒、魚上湯、番茄粒、番茄膏及適量的食鹽和辣椒。不斷攪拌，大火煮滾後加入整條鯖魚。加蓋，小火煮 20 分鐘，至餐刀按壓鯖魚時魚肉易剝落。

3 用漏勺將鯖魚撈起，置於盤內。剝去魚皮，剔除魚刺。把魚切片，注意是否還有殘留的魚刺。撈起鯖魚後，繼續小火煮湯 15 分鐘，期間不蓋上鍋蓋。將鯖魚片倒回鍋內加熱，即可裝入淺碟內。搭配青檸角和硬麵包食用。

🥣 多一味

葡式魚湯
Portuguese Fish Soup

煮湯方法同上。以 2 片月桂葉代替匈牙利紅椒粉。不加鯖魚，小火煮 20 分鐘後，加入鯖魚和鱈魚共 500 克以及洗淨的連殼青口（貽貝）250 克，代替鯖魚。煮 10 分鐘，或至貝殼開口，然後撈起青口和魚。將魚切片，剝去魚皮、去除青口的殼，沒有開口的則扔掉。再將魚片和青口肉放回鍋內，撒上芫荽（香菜）碎葉即可食用。

200道
美味湯品輕鬆做

幸福濃湯 X 健康高湯 X 各國好湯

國家圖書館出版品預行編目（CIP）資料

200 道美味湯品輕鬆做：幸福濃湯 X 健康高湯 X
各國好湯 / Sara Lewis 作 . -- 初版 . -- 臺北市：橘
子文化 , 2015.01　面；　公分

ISBN 978-986-364-045-5(平裝)

1. 食譜 2. 湯
427.1　　　　103026641

作　者	莎拉 · 陸薏絲（Sara Lewis）
譯　者	諾然
發行人	程安琪
總策畫	程顯灝
總編輯	呂增娣
主　編	李瓊絲、鍾若琦
執行編輯	吳孟蓉、鄭婷尹
編　輯	程郁庭、許雅眉
美術主編	潘大智
美術編輯	劉旻旻、游騰緯、李怡君
行銷企劃	謝儀方
發行部	侯莉莉
財務部	呂惠玲
印　務	許丁財
出版者	橘子文化事業有限公司
總代理	三友圖書有限公司
地　址	106 台北市安和路 2 段 213 號 4 樓
電　話	(02) 2377-4155
傳　真	(02) 2377-4355
E－mail	service@sanyau.com.tw
郵政劃撥	05844889 三友圖書有限公司
總經銷	大和書報圖書股份有限公司
地　址	新北市新莊區五工五路 2 號
電　話	(02) 8990-2588
傳　真	(02) 2299-7900
製　版	興旺彩色印刷製版有限公司
印　刷	鴻海科技印刷股份有限公司
初　版	2015 年 1 月
定　價	新臺幣 350 元
I S B N	978-986-364-045-5 （平裝）